通信工程专业系列教材

计算机通信网实验教程

刘　熹　主编

赵文栋　彭来献　副主编

徐正芹　李艾静　陈　娟　编
荣凤娟　李　杰　常　帅

電子工業出版社·

Publishing House of Electronics Industry

北京·BEIJING

内 容 简 介

本书是按照通信工程专业领域的人才培养需求编写的实验教材，主要内容包括：计算机通信网基本知识、常用网络工具软件基础操作实验、互联网常见协议分析实验、局域网组网配置实验、网际互联网组网配置实验、广域网组网配置实验及综合应用实验等。

本书针对通信工程专业本科生的知识结构设计实验，在每个实验开始都进行了必要的原理阐述，为学生扫清相关理论知识的盲点。另外，本书的所有实验都尽量降低对硬件环境的依赖，特别是组网配置实验采用了最新的华为 eNSP 网络模拟器，便于在线或离线完成实验。本书配套电子课件、习题参考答案、程序代码等。

本书可作为军队高等教育自学考试通信工程专业（本科）"计算机通信网（实践）"课程的配套教材，也可作为普通高等学校计算机网络原理课程的实验教材及工程技术人员的参考书。

图书在版编目（CIP）数据

计算机通信网实验教程/刘熹主编. —北京：电子工业出版社，2020.5
ISBN 978-7-121-38993-1

Ⅰ. ①计⋯　Ⅱ. ①刘⋯　Ⅲ. ①计算机通信网－高等学校－教材　Ⅳ. ①TN915

中国版本图书馆 CIP 数据核字（2020）第 073509 号

责任编辑：王羽佳　　　　　特约编辑：武瑞敏
印　　刷：北京七彩京通数码快印有限公司
装　　订：北京七彩京通数码快印有限公司
出版发行：电子工业出版社
　　　　　北京市海淀区万寿路 173 信箱　邮编：100036
开　　本：787×1 092　1/16　印张：11.25　字数：288 千字
版　　次：2020 年 5 月第 1 版
印　　次：2025 年 1 月第 4 次印刷
定　　价：49.00 元

凡所购买电子工业出版社图书有缺损问题，请向购买书店调换。若书店售缺，请与本社发行部联系，联系及邮购电话：（010）88254888，88258888。

质量投诉请发邮件至 zlts@phei.com.cn，盗版侵权举报请发邮件至 dbqq@phei.com.cn。

本书咨询联系方式：wyj@phei.com.cn，（010）88254535。

出版说明

　　军队自学考试是经国家教育行政部门批准的、对军队人员进行的、以学历继续教育为主的高等教育国家考试，以个人自学、院校助学和国家考试相结合的形式组织学习和考试，同时也是部队军事职业教育的重要组成部分。军队自学考试自 1989 年开办以来，培养了大批人才，为军队建设作出了积极贡献。随着国防和军队改革的稳步推进，在军委机关统一部署下，军队自学考试专业调整工作于 2017 年启动，此次调整中新增通信工程（本科）和通信技术（专科）两个专业，专业建设相关工作由陆军工程大学具体负责。

　　陆军工程大学在通信、信息、计算机科学等领域经过数十年的建设和发展，积累了实力雄厚的师资队伍和教学实力，拥有 2 个国家重点学科、2 个军队重点学科和多个国家级教学科研平台、全军重点实验室及全军研究（培训）中心，取得了丰硕的教学科研成果。

　　自承担通信工程（本科）和通信技术（专科）两个军队自学考试专业建设任务以来，陆军工程大学精心遴选教学骨干，组建教材建设团队，依据课程考试大纲编写了自建课程配套教材，并邀请军地高校、科研院所及基层部队相关领域专家、教授给予了大力指导。所建教材主要包括《现代通信网》《战术互联网》《通信电子线路》等 17 部教材。秉持"教育+网络"的理念，相关课程的在线教学资源也在同步建设中。

　　衷心希望广大考生能够结合实际工作，不断探索适合自己的学习方法，充分利用课程教材及其他配套教学资源，努力学习，刻苦钻研，达到课程考试大纲规定的要求，顺利通过考试。同时也欢迎相关领域的学生和工程技术人员学习、参阅我们的系列教材。希望各位读者对我们的教材提出宝贵意见和建议，推动教材建设工作的持续改进。

陆军工程大学军队自学考试专业建设团队

2019 年 6 月

前　　言

　　本书是军队自学考试通信工程专业（本科）计算机通信网课程的配套实践教材。本书以满足通信领域人才实践能力培养需求为目标，旨在通过实物和仿真实验操作，使读者深入理解计算机通信网分层结构的基础理论知识，领会局域网、广域网以及网际互联应用中的主要设备、常用协议和关键技术原理，掌握常用工具软件使用方法和主要网络设备的配置、调试方法，具备网络设计、分析、管理与应用等基本能力。

　　本书在内容选取方面，覆盖了常用网络工具实验、协议分析实验和基于华为 eNSP 网络模拟器的组网配置实验。实验设计先易后难，由简入繁，紧扣理论教学分层递进的思路。在每个实验前对原理进行必要的阐述，为读者扫清相关理论知识盲点，弥补理论教材的不足，增加了本书的可读性。本书不仅适用于教师课堂教学，同时也适用于学生自主学习；不仅适合于本科信息类相关专业实验课程的教学，而且也同样适合大专层次的实验教学；另外，本书配套的微课视频与电子资源，又给读者多了一种线上与线下相结合的教学模式的新选择。

　　本书以实际应用为牵引，涵盖计算机通信网中常见设备、协议的工作原理，局域网、广域网等不同规模网络的组网配置方法，以及一般网络故障的排查、解决方法等。全书共7 章，主要内容包括：计算机通信网基础知识、网络工具软件基础操作、互联网协议分析实验、局域网组网配置实验、网际互联组网配置实验、广域网组网配置实验、综合应用实验等。

　　本书提供配套电子课件、习题参考答案、程序代码等，请登录华信教育资源网（http://www.hxedu.com.cn）免费注册下载。

　　本书第 1、7 章由刘熹、赵文栋编写，第 2 章由荣凤娟编写，第 3 章由徐正芹编写，第 4 章由陈娟编写，第 5 章由李艾静编写，第 6 章由彭来献编写，李杰、常帅等参与了本书论证与部分章节的编写和校对工作。全书由刘熹负责统稿。

　　由于编写与审定时间仓促，加之编者水平有限，书中难免会有缺失和错误之处，敬请广大读者批评指正，发现任何问题敬请不吝指正。

作　者
2020 年 1 月

目　　录

第1章　计算机通信网基础知识 ……………1

1.1　互联网的组成结构 ………………1
　　1.1.1　网络边缘 ………………1
　　1.1.2　网络核心 ………………2
1.2　网络协议分层模型 ………………3
1.3　典型网络通信过程 ………………4
习题 …………………………………5

第2章　常用网络工具软件基础
　　　　操作实验 ………………………6

2.1　ping 实验 …………………………6
2.2　ipconfig 实验 ……………………11
2.3　tracert 实验 ………………………15
2.4　nslookup 实验 ……………………18
2.5　Wireshark 的安装与使用 ………22
2.6　eNSP 的安装与使用 ……………33
习题 …………………………………41

第3章　互联网常见协议分析实验 ………42

3.1　应用层协议分析 …………………42
　　3.1.1　HTTP 协议分析 ………42
　　3.1.2　DNS 协议分析 ………47
　　3.1.3　DHCP 协议分析 ………55
3.2　传输层协议分析 …………………62
　　3.2.1　UDP 协议分析 ………62
　　3.2.2　TCP 协议分析 ………64
3.3　网络层协议分析 …………………72
　　3.3.1　IP 协议分析 ………72
　　3.3.2　ARP 协议分析 ………75
习题 …………………………………79

第4章　局域网组网配置实验 ……………82

4.1　交换机配置 ………………………82
　　4.1.1　交换机基础配置 ………82

　　4.1.2　VLAN 基础配置 ………87
　　4.1.3　MUX VLAN 配置 ………92
4.2　生成树协议配置 …………………97
4.3　无线局域网配置 …………………105
　　4.3.1　DHCP 基础配置 ………105
　　4.3.2　WLAN 基础配置 ………108
习题 …………………………………116

第5章　网际互联网组网配置实验 ………117

5.1　静态路由配置 ……………………117
　　5.1.1　简单静态路由配置 ……117
　　5.1.2　浮动静态路由 ………122
5.2　RIP 协议配置 ……………………128
　　5.2.1　RIPv1 配置 ………129
　　5.2.2　RIPv2 配置 ………132
5.3　OSPF 协议配置 …………………137
习题 …………………………………141

第6章　广域网组网配置实验 ……………143

6.1　串行链路基本配置 ………………143
　　6.1.1　简单串行链路配置 ……143
　　6.1.2　PPP 的认证 ………148
6.2　帧中继基本配置 …………………156
习题 …………………………………162

第7章　综合应用实验 ……………………163

7.1　典型家庭私有网配置 ……………163
7.2　企业网络综合配置 ………………166
7.3　校园网常见故障排查 ……………169

附录A　英文缩写一览表 …………………173

参考文献 …………………………………174

第 1 章　计算机通信网基础知识

一般来说，与人们生活息息相关的公共通信网络大致可以分为电信网、广播电视网和计算机通信网。按照最初的业务分工，电信网主要面向公众提供电话、电报及传真等服务，广播电视网则向用户单向传送各种广播和电视节目，而以互联网（Internet）为典型代表的计算机通信网主要为分布在全球的计算机终端提供数据传输业务。

随着技术发展和应用推广，现在的互联网已经能够向用户提供语音通信、视频通信及音视频节目点播等服务，而电信网和广播电视网也逐渐融入了现代计算机通信网的分组交换技术。因此，人们又提出了"三网融合"目标，寄希望于将电信网、广播电视网和计算机通信网相互渗透、互相兼容，并逐步整合成为全世界统一的信息通信网络。目前业界的共识是：这个统一网络的核心将是下一代的宽带 IP（互联网协议）网，也即下一代互联网。

考虑到技术发展趋势，本书将以互联网为主要研究对象开展实验教学。本章简要梳理一下关键的概念和知识点，并结合后续章节的实验内容进行对照阐述。已经修过相关理论课程并且熟悉网络基础知识的读者可以跳过本章，直接开展后续章节的实验项目。

1.1　互联网的组成结构

当前的互联网用户规模已达 30 多亿人，连接的数十亿设备遍布全球，网络结构非常复杂。不过从这些设备的工作方式看，可以简单地分为两大部分：网络边缘和网络核心。

1.1.1　网络边缘

网络边缘包括连接互联网的所有主机，以及将它们连接到边缘路由器的接入网设备，但不包含路由器本身。

主机也称为端系统。不同用途的主机在功能上差别很大，大的端系统可以是一台处理能力强大的大型计算机或服务器，小的端系统可以是一台普通台式计算机、笔记本电脑或平板电脑，也可以是具有上网功能的智能手机，甚至可以是一台具有联网功能的冰箱、空调或电饭煲。无论能力差异如何巨大，这些主机都是数据通信的终端，也就是说，要么是数据传输的源点，要么是数据传输的终点，当然也可以既是源点又是终点。

计算机通信本质上是指运行在主机上的应用程序（也即应用进程）之间的通信。位于不同主机上的应用进程之间的通信方式通常可以划分为两大类：客户—服务器方式（C/S方式）和对等方式（P2P 方式）。

C/S 方式通信的一方为客户机进程，另一方为服务器进程，其中客户机是应用服务的请求者，服务器则是应用服务的提供者。因此，在一次通信过程中，客户机进程需要事先知道服务器的地址，并且主动向服务器发起通信请求，而服务器则被动地等待客户机的服务请求，并且酌情决定是否为客户机提供服务。

P2P 方式通信双方是对等的。这里对等的含义是指任一通信方既可以是服务的提供者（服务器）又可以是服务的申请者（客户机）。因此，P2P 方式实际上是 C/S 方式的推广。

接入网是指将端系统连接到边缘路由器的物理链路和设备。由于终端到边缘路由器的距离一般为几百米到几千米，因而被形象地称为"最后一公里"。图 1-1 所示的互联网构成示意图显示了三大类比较典型的接入网技术：移动网络接入、家庭网络接入和企业网络接入。

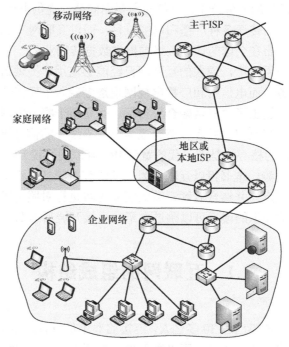

图 1-1   互联网构成示意图

移动网络接入常用第三代（3G）、第四代（4G）移动通信技术，一般需要由电信运营商开设基站，能够为移动用户终端在数千米距离内提供高速数据传输服务。

家庭网络常用非对称数字用户线（ADSL）、混合光纤同轴电缆网（HFC）、光纤到户（FTTH）等技术解决接入问题。位于用户住宅内的调制解调器除了要实现不同物理介质上的数据通信功能，一般还会集成以太网交换机允许多个主机构建局域网，并内置动态主机配置协议（DHCP）服务器和网络地址转换（NAT）网关等功能。当然，用户还可以根据需要自行设置无线局域网（WLAN）接入点，以便手机、笔记本电脑等移动终端上网。

企业网络（包括校园网络和一些家庭网络）通常采用局域网（LAN）解决接入问题。尽管有许多不同种类的局域网技术，但是星型交换式以太网和 WLAN 是目前最流行的终端接入技术。一般情况下，企业可能还会开设 Web 服务器、文件服务器和邮件服务。

1.1.2   网络核心

网络核心部分由大量网络和连接这些网络的路由器组成，为边缘部分提供数据分组的交换和传输服务，使得边缘部分中的任何一台主机都能够与其他主机通信。路由器是在网络核心部分起特殊作用的设备，其任务是转发收到的分组。图 1-1 中的互联网服务提供商（ISP）网络，以及位于移动网络、家庭网络和企业网络中的路由器都属于网络核心。

1.2　网络协议分层模型

为了实现网络的互联互通及各种网络应用，计算机网络中的设备需要运行各种各样的协议以实现具体的功能。为此，计算机网络的设计者采用了分层思想为设计各种协议提供一个框架。这个分层的框架及各层协议的集合就是网络的体系结构，或者协议体系结构。

严格来说，协议是控制两个或多个对等实体进行通信的规则的集合。所谓对等实体，是指处于同一层次的可发送或接收信息的硬件或软件进程。

开放系统互联（OSI）七层协议体系结构的概念清晰，理论完善，但过于复杂而不实用，如图 1-2（a）所示。TCP/IP 的四层体系结构将 OSI 结构中最上面的三层合并到了应用层，并将网络层称为网际层，以强调该层旨在解决不同网络之间的互联问题，如图 1-2（b）所示。不过，TCP/IP 最下面的网络接口层并没有什么具体内容。因此，在介绍计算机网络的原理时往往采用概念更加清晰的五层协议体系结构，如图 1-2（c）所示。

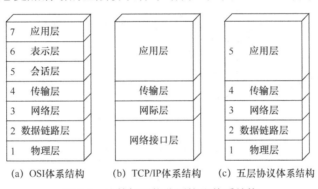

(a) OSI体系结构　　(b) TCP/IP体系结构　　(c) 五层协议体系结构

图 1-2　计算机网络分层协议体系结构

互联网五层协议体系结构各层的主要功能和常见协议在表 1-1 中进行了简单描述。表 1-1 所列的协议控制各层对等实体间所交换的信息实际上都被封装进了相应的分组，为了区别起见，从数据链路层到应用层，本书把这些不同层次的分组依次称为帧、数据报、报文段和报文。在第 3 章中将用 Wireshark 软件捕获相应的分组对这些协议加以分析。

表 1-1　互联网五层协议体系结构各层主要功能说明和常见协议

层编号	层名	主要功能	常见协议
5	应用层	为应用进程提供针对特定网络应用的报文交互服务	HTTP、DNS、FTP、DHCP
4	传输层	为主机中的应用进程间通信提供通用的报文段传输服务	UDP、TCP
3	网络层	为分组交换网上的不同主机间提供数据报传输服务	IP、ICMP、ARP
2	数据链路层	在相邻的网络节点（主机、路由器）之间提供数据帧的传输服务	IEEE 802.3、IEEE 802.11
1	物理层	完成数据比特与物理信号的转换，实现物理信号的收发及在介质上的传输过程	略

1.3 典型网络通信过程

本节以一台便携计算机接入校园网访问 www.baidu.com 网站（Web 服务器）为例，介绍 DHCP、域名系统（DNS）、地址解析协议（ARP）、路由转发、各层协议的工作过程，以此为主线，为学习后续各章节的实验提供概览和指导，见图 1-3 典型网络通信过程设备连接示意图。

第 1 步：便携机利用 DHCP 获取本机配置信息。假设便携机已设置为自动获取 IP 地址方式。当它接入位于图 1-3 左上角的校园网时，运行在便携机中的 DHCP 客户端进程会主动产生一个 DHCP 发现报文，然后该报文被逐层依次封装成传输层的用户数据报协议（UDP）报文段、网络层的 IP 数据报，最后封装成数据链路层的以太网广播帧发送到局域网。假设校园网上的路由器中运行了 DHCP 服务器进程，当路由器收到该广播帧时，会逐层依次解出 IP 数据报、UDP 报文段、DHCP 报文，并将报文交给 DHCP 服务器。如果服务器可以为客户机提供服务，则再经过几次 DHCP 报文交互，便携机将获得本机地址、子网掩码、默认网关地址和 DNS 服务器地址等配置参数，从而正式成为接入校园网中的一台主机。在完成 3.1.3 节的实验后，就能够深入理解 DHCP 协议的工作过程。

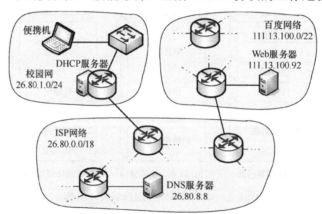

图 1-3 典型网络通信过程设备连接示意图

第 2 步：便携机利用 ARP 和 DNS 获得 Web 服务器的 IP 地址。当用户在便携机上打开浏览器，输入域名 www.baidu.com 并按下 Enter 键时，浏览器会先向操作系统请求域名解析。此时，操作系统会自动产生 DNS 请求报文，封装成 UDP 报文段，然后进一步以目的地址 26.80.8.8（DNS 服务器的地址）封装成 IP 数据报。当要将该 IP 数据报封装成以太网帧时，系统会发现 DNS 服务器与本机并不在同一个局域网上，需要将其发送给路由器加以转发，因此必须用默认网关的媒体访问控制（MAC）地址作为以太网帧的目的地址。由于此时便携机的 ARP 表中没有默认网关的 MAC 地址，系统会向默认网关发出 ARP 请求广播，待默认网关响应时，就获得了其 MAC 地址，并记录在本地的 ARP 表中。接下来，就可以将封装了 DNS 请求报文的以太网帧发送到局域网上了。当路由器收到该帧后，会从中解出 IP 数据报，并根据其目的 IP 地址 26.80.8.8，选择正确的输出接口发送给 ISP 网络的路由器。在完成 3.3.2 节的实验后，就能够深入理解 ARP 协议的工作过程。

　　ISP 网络的路由器会运行路由信息协议（RIP）、开放最短路径优先（OSPF）、边界网关协议（BGP）等路由协议进行选路，并生成转发表。当含有 DNS 请求报文的分组进入 ISP 网络后，每个路由器会根据其目的 IP 地址查表，并逐级转发，最终该报文会到达 DNS 服务器。服务器会生成相应的应答报文，发送回便携机。此时便携机就获得了 Web 服务器的 IP 地址 111.13.100.92。在完成 3.1.2 节的实验后，就能够深入理解 DNS 的工作过程，第 5 章的实验能够深入理解路由协议的工作过程。

　　第 3 步：便携机利用 TCP 和 HTTP（超文本传输协议）从服务器获得网页。当便携机上的浏览器进程得知百度 Web 服务器的 IP 地址为 111.13.100.92 后，就可以创建 TCP 套接字向该地址发起连接请求。如果 Web 服务器允许连接，就通过三次握手过程建立 TCP 连接。接下来，浏览器生成包含有网址 www.baidu.com 的 HTTP GET 报文，通过 TCP 连接传送到 Web 服务器。Web 服务器生成 HTTP 响应报文，将请求的网页对象放入 HTTP 响应报文体中，并通过 TCP 连接发送给浏览器。浏览器收到 HTTP 响应报文后，解出网页对象并在浏览器中显示。至此，整个通信过程宣告完成。如果要深入理解 HTTP 和 TCP 协议的工作过程，请完成 3.1.1 节和 3.2.2 节的实验。

习　题

1．位于不同主机上的应用进程之间的通信方式通常可以划分为哪两大类？
2．简述五层协议体系结构每层的功能。

第2章 常用网络工具软件基础操作实验

计算机无法访问网站或无法联网了，这是人们经常遇到的情况，此时用户可能会想到借助某些网络工具来定位和修复故障。现代的操作系统一般自带了一些网络工具软件，可以在命令窗口以命令行的形式执行，以便检测运行状态，快速地诊断故障原因和定位故障点。此外，网络协议分析软件 Wireshark 和华为网络模拟平台 eNSP 也是学习和实践网络知识十分重要的工具。本章重点介绍这些网络工具软件的操作方法，为完成后续的实验打下基础。

2.1　ping 实验

【原理描述】

ping 是一个网络诊断工具，是 Windows、UNIX 和 Linux 系统自带的一个命令，用来判断主机是否可以访问、检查网络是否连通等，能够很好地帮助用户分析和判定网络故障。简单来说，ping 命令就是源主机向一个目的主机发送测试数据报，看对方是否有响应并统计响应时间，以此检测网络的连通性。

ping 命令使用的是因特网控制报文协议（ICMP）。ICMP 作为 TCP/IP 协议族中的一个子协议，最典型的用途是允许主机或路由器进行差错报告，以此检测网络的连接状态。ICMP 报文有两种类型：ICMP 差错报告报文和 ICMP 询问报文。ICMP 报文格式及常见报文类型分别如表 2-1 和表 2-2 所示。

表 2-1　ICMP 报文格式

8 位类型	8 位代码	16 位校验和
(不同类型和代码有不同的内容)		

表 2-2　常见 ICMP 报文类型

ICMP 报文种类	ICMP 类型	代　　码	描　　述
差错报告报文	3	0	目的网络不可达
		1	目的主机不可达
		2	目的协议不可达
		3	目的端口不可达
		6	目的网络未知
		7	目的主机未知

（续表）

ICMP 报文种类	ICMP 类型	代　码	描　　述
差错报告报文	4	0	源抑制（拥塞控制）
	11	0	TTL 过期
	12	0	IP 首部损坏
询问报文	0	0	回送回答
	8	0	回送请求
	9	0	路由器通告
	10	0	路由器请求

　　ping 命令实质是利用了类型码 8、代码 0 的 ICMP 回送请求报文和类型码 0、代码 0 的回送回答报文来测试目的主机是否可达及了解其有关状态。源主机向目的主机发送 ICMP 回送请求报文，按照 ICMP 协议规定，若目的主机正常工作且响应此 ICMP 回送请求报文（某些主机为防止恶意攻击而忽略外界发来的此类报文），则向源主机发回 ICMP 回送回答报文；若源主机在一定时间内收到回答，则认为目的主机可达。ping 命令中的 ICMP 报文分析详见 2.5 节。

【ping 命令基础知识】

1．ping 命令基本格式

　　应用格式：ping+IP 地址或主机域名
　　其中"IP 地址或主机域名"指定要被测试的主机，注意"+"要换成空格。此命令用来测试本地主机与被测试主机之间的连通性，也可附加一些参数使用。

2．ping 命令参数说明

　　应用格式：ping +命令参数+IP 地址或主机域名
　　在命令行提示符后面输入"ping"命令，按 Enter 键，即可看到各参数的详细说明，如图 2-1 所示。

图 2-1　"ping"命令参数说明

【实验目的】

① 掌握 ping 命令的作用及基本用法。

② 熟悉 ping 命令常用参数的含义。

③ 熟练运用 ping 命令分析并排除常见的网络故障。

【实验环境】

① 运行 Windows 操作系统的 PC 一台。

② PC 与局域网或 Internet 互联。

【实验拓扑】

实验拓扑图如图 2-2 所示。

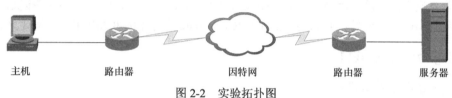

主机　　　　　路由器　　　　　因特网　　　　　路由器　　　　　服务器

图 2-2　实验拓扑图

【实验步骤】

第 1 步：开启控制台命令窗口。在 Windows "开始"菜单中执行"运行"命令，并在弹出的对话框中输入"cmd"，单击"确定"按钮就可以打开该窗口。或者在 Windows "开始"菜单中选择"所有程序"→"附件"→"命令提示符"选项，也可以打开该窗口。

第 2 步：在命令行提示符后输入"ping www.baidu.com"命令，并按 Enter 键，输出结果如图 2-3 所示。

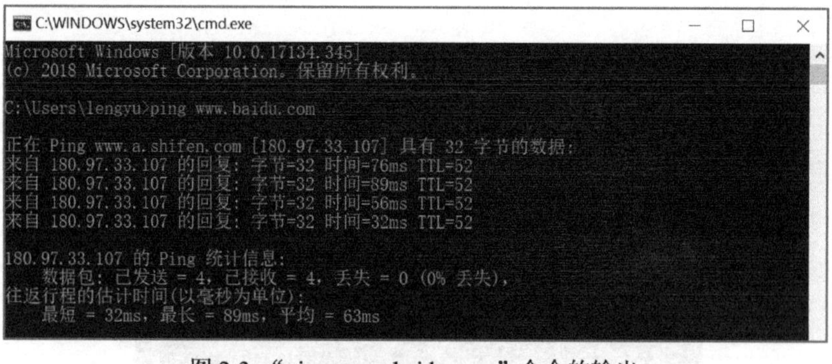

```
C:\WINDOWS\system32\cmd.exe                              —    □    ×
Microsoft Windows [版本 10.0.17134.345]
(c) 2018 Microsoft Corporation。保留所有权利。

C:\Users\lengyu>ping www.baidu.com

正在 Ping www.a.shifen.com [180.97.33.107] 具有 32 字节的数据：
来自 180.97.33.107 的回复：字节=32 时间=76ms TTL=52
来自 180.97.33.107 的回复：字节=32 时间=89ms TTL=52
来自 180.97.33.107 的回复：字节=32 时间=56ms TTL=52
来自 180.97.33.107 的回复：字节=32 时间=32ms TTL=52

180.97.33.107 的 Ping 统计信息:
    数据包：已发送 = 4，已接收 = 4，丢失 = 0 (0% 丢失)，
往返行程的估计时间(以毫秒为单位)：
    最短 = 32ms，最长 = 89ms，平均 = 63ms
```

图 2-3　"ping www.baidu.com"命令的输出

"ping www.baidu.com"命令可用来测试本地主机与百度服务器的连通性。从图 2-3 中可以看出，"www.baidu.com"的别名为 "www.a.shifen.com"，百度服务器的其中一台主机的 IP 地址为"180.97.33.107"。源 ping 程序默认发送 4 个请求报文，并成功收到来自目的地址 180.97.33.107 的 4 个回复报文；字节表示发送数据报的大小，默认 32 字节；时间表示源主机从发送数据报到接收到目的主机回复数据报的时间，即往返时间（RTT）；TTL 表示生存时间，即指定 IP 数据报允许通过的最大网段数量。4 个数据报均被收到，RTT 的均

值为 63ms，说明源主机与百度服务器是连通的，可以访问。

通过此例分析一下 ping 命令的工作过程。假定本地主机为主机 A，被测试主机"www.baidu.com"为主机 B，当主机 A 运行"ping www.baidu.com"命令后，都发生了什么？

首先，主机 A 运行域名系统（DNS）服务解析出域名"www.baidu.com"对应的 IP 地址 180.97.33.107。

其次，ping 命令构建一个固定格式的 ICMP 回送请求报文，由 ICMP 协议将此报文与主机 A 的 IP 地址一起交给 IP 层协议。IP 层协议将 180.97.33.107 作为目的地址，主机 A 的 IP 地址作为源地址，加上一些其他控制信息，构建成一个 IP 数据报，向下交给数据链路层，并在因特网中传输。

最后，主机 B 的网络层收到数据帧后，检查目的 IP，符合则接收，并向上交给 IP 层协议。IP 层检查并提取有用的信息交给 ICMP 协议，后者处理后马上构建一个 ICMP 回送回答报文，发送给主机 A。

第 3 步：输入"ping-t www.baidu.com"命令，并按 Enter 键。连续对目的 IP 地址执行 ping 命令，直到被用户强制中断，输出如图 2-4 所示。若要查看统计信息并继续发送数据报，则按下"Ctrl+Break"组合键；若要终止发送数据报，则按下"Ctrl+C"组合键。

图 2-4　"ping-t www.baidu.com"命令的输出

第 4 步：输入"cls"命令并按 Enter 键，清除屏幕。

第 5 步：输入"ping-n 8 www.baidu.com"命令，并按 Enter 键，输出结果如图 2-5 所示。

默认情况下向目的地址发送 4 个数据报，通过添加参数"-n"可自定义发送数据报的数量，常用于测试当前网络速度。此示例表示向 www.baidu.com 发送 8 个数据报，收到 8 个，其中最短 RTT 为 37ms，最长 RTT 为 137ms，平均 RTT 为 77ms。若"-t"和"-n"两个参数同时使用，则 ping 命令将以后面的参数为准。例如，"ping -t -n 12 www.baidu.com"命令虽然使用了参数"-t"，但并非一直 ping 下去，而是仅发送了 12 个数据报，输出如图 2-6 所示。

图 2-5 "ping -n 8 www.baidu.com" 命令的输出

图 2-6 "ping -t -n 12 www.baidu.com" 命令的输出

第 6 步：输入"ping -l 100 www.baidu.com"命令，并按 Enter 键，输出结果如图 2-7 所示。

图 2-7 "ping -l 100 www.baidu.com" 命令的输出情况

添加参数"-l size"可更改发送的数据报大小，默认情况下是 32 字节，最大只能发送 65500 字节，超过这个数时，对方很可能因接收的数据报太大而死机，所以微软公司限制了 ping 的数据报大小。此命令可测试网络的承载能力，设定数据报大小为 6000 字节，均未收到回复的数据，但设定 1000 字节则可成功接收，所以 6000 字节的数据报超过了网络承载能力，输出如图 2-8 所示。

图 2-8 "ping -l 6000 www.baidu.com"和"ping -l 1000 www.baidu.com"命令的输出情况

ping 命令的其他参数的含义参见图 2-1 说明，这里不再赘述。

2.2　ipconfig 实验

【原理描述】

Windows 下的 ipconfig（Linux/UNIX 下为 ifconfig）是使用率非常高的一个命令，尤其对网络问题进行诊断时最为有效。ipconfig 常用于显示主机当前的 TCP/IP 配置，包括本地网络适配器的 IP 地址、DNS 服务器地址、适配器类型等。

【ipconfig 命令基础知识】

ipconfig 命令后可带参数，也可不带参数，以此显示不同的查询结果。

1．ipconfig 命令基本格式

应用格式：ipconfig

不带任何参数的 ipconfig 命令可用于查看本地计算机的 IP 地址、子网掩码及默认网关等最基本的配置信息，如图 2-9 所示，也可附加一些参数使用。

2．ipconfig 命令参数说明

应用格式：ipconfig+命令参数

在命令行提示符后面输入"ipconfig 　/?"命令，按 Enter 键，即可看到 ipconfig 命令的用法及各参数的详细说明，如图 2-10 所示。

图 2-9　ipconfig 命令

图 2-10　"ipconfig /?" 命令

【实验目的】

① 掌握 ipconfig 命令的作用及基本用法。

② 熟悉 ipconfig 命令常用参数的含义。

③ 熟练运用 ipconfig 命令解决遇到的基本问题。

【实验环境】

① 运行 Windows 操作系统的 PC 一台。

② PC 与局域网或 Internet 互联。

【实验拓扑】

实验拓扑图如图 2-11 所示。

图 2-11　实验拓扑图

【实验步骤】

第 1 步：开启控制台命令窗口。在命令提示符后输入"ipconfig"命令，并按 Enter 键，将显示已经配置接口的 IP 地址、子网掩码和默认网关地址等最基本的信息，结果如图 2-9 所示。

第 2 步：输入"ipconfig /all"命令，并按 Enter 键。相比于不带参数的 ipconfig 命令，使用 all 参数后将显示更加完整的信息，如图 2-12 所示。例如，IP 地址是否动态分配、主机物理地址信息、DNS 信息及动态主机设置协议（DHCP）服务器信息等，在进行网络故障诊断时常用到此命令。

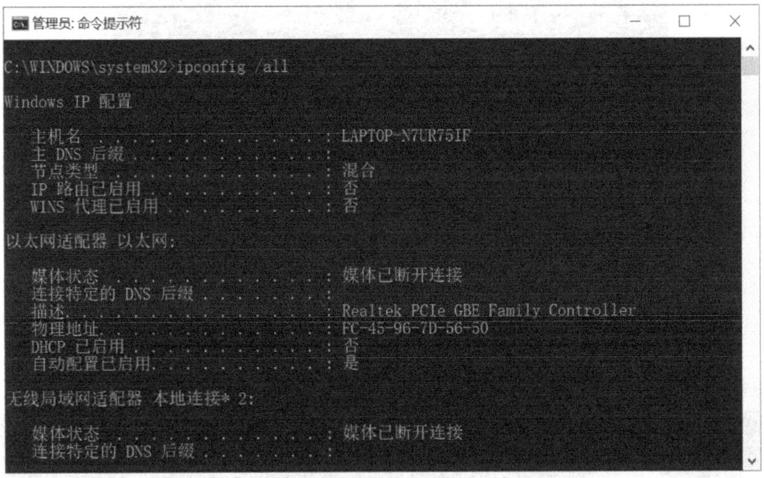

图 2-12　"ipconfig /all"命令的输出

第 3 步：当本地主机无法访问某网站时，可能是域名解析有误导致的，所以要进行 DNS 故障排查。此时可通过"ipconfig /displaydns"命令显示本地缓存中 DNS 列表信息，并查看是否有此网站域名解析记录。例如，本机成功访问了百度网站，则本地 DNS 列表中有相关记录，如图 2-13 所示。或者直接利用"ipconfig /flushdns"命令，清除本地 DNS 缓存记录，然后通过浏览器访问此网站，运用 DNS 服务重新进行域名解析，如图 2-14 所示。

网卡 IP 地址设置有两种方式：静态 IP 地址和由 DHCP 服务器自动分配的 IP 地址，可通过"ipconfig /all"命令查看网卡 IP 地址的类型。当主机无法连接因特网时，首先要检查本地 IP 地址、子网掩码等信息是否正确配置。若此时主机 IP 地址由 DHCP 服务器自动分配，则可以输入"ipconfig /release"命令，并按 Enter 键，释放 DHCP 服务器分配的 IP 地址，如图 2-15 所示，然后输入"ipconfig /renew"命令，按 Enter 键，重新从 DHCP 服务器中租用一个 IP 地址。

图 2-13　"ipconfig /displaydns"命令的输出

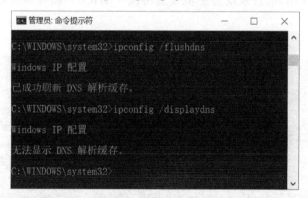

图 2-14　"ipconfig /flushdns"命令的输出

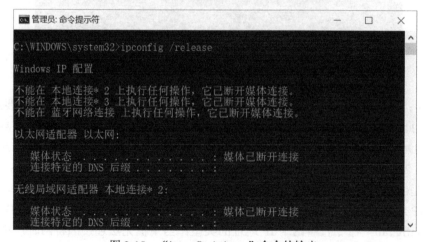

图 2-15　"ipconfig /release"命令的输出

当不记得参数选项时，可在命令提示符后输入"ipconfig /?"命令寻求帮助信息。

2.3　tracert 实验

【原理描述】

tracert 程序是 Windows 系统中用于路由跟踪的实用程序（Linux 和 Mac OS 等系统是 traceroute 程序），它允许人们侦测从一台主机到指定的任意一台主机之间所经路由的情况。大家知道，ping 命令可以测试源主机到目的主机之间的连通性，而 tracert 程序可以确定源主机发送的 IP 数据报在向目的主机传送的过程中所走过的路径。同时 tracert 还是一个简单的网络诊断工具，如果 ping 命令测试发现无法正常访问目的主机时，可用 tracert 命令检查 IP 数据报经过的各个节点的状态，从而逐一排查网络故障。

tracert 命令的实质是采用 IP 头部信息中生存时间（TTL）字段和 ICMP 错误消息来确定从一台主机到因特网上其他主机的路由。为确定源主机和目的主机之间路径上所有路由器的名称及 IP 地址，源主机中 tracert 程序向目的主机发送一系列小的 IP 数据报，每个数据报携带一个端口号（30000 以上）不可达的用户数据报协议（UDP）报文段。默认情况下，3 个 IP 数据报为一组，源主机每次向目的主机发送一组数据，并为每个数据报启动定时器。具体工作过程如下。

（1）源主机的 tracert 程序向目的主机发送一组 TTL=1 的 IP 数据报，当路径上的第一个路由器收到这个数据报后，自动将 TTL 减 1，TTL 由 1 变为 0。根据 IP 协议规则，此数据报过期，该路由器将其丢弃，并产生一个主机不可达的 ICMP 报文（类型 11，代码 0）给源主机，ICMP 报文类型见 2.1 节中表 2-2 所示，此报文包括源 IP 地址、所经路由器的 IP 地址及往返延时等信息。tracert 程序收到该 ICMP 报文后，便知这个路由器存在于此路径上。

（2）tracert 程序再发送一组 TTL=2 的 IP 数据报，经过第一个路由器后 TTL 减 1，到达第二个路由器后 TTL 再减 1，此时 TTL=0，数据报过期，同样，第二个路由器将其丢弃，并产生一个主机不可达的 ICMP 报文给源主机，继而发现第二个路由器。

tracert 程序每次收到主机不可达的 ICMP 报文后，重新封装 IP 数据报，并将其 TTL 值加 1 来发现另一个路由器，即设置第三次发送的数据报 TTL=3，第四次发送 TTL=4，以此类推，重复此动作一直到某个 IP 数据报到达目的地址。

（3）当 IP 数据报到达目的地址后，将携带的 UDP 报文向上交给传输层，目的主机分析 UDP 报文后发现端口号不可达，此时目的主机则向源主机回送端口不可达 ICMP 报文（类型 3，代码 3），而非主机不可达 ICMP 报文。源主机收到此特殊的 ICMP 报文后可判断数据已到达目的地址，不再需要发送新的探测分组。通过这种方式，源主机知道与目的主机之间路径上的路由器数量、标识及往返延时等信息。

tracert 程序为发送的每个数据报设置定时器，如果超时仍未收到 ICMP 报文，它将打印出一系列的"*"，表明路径上的这个设备不能在给定时间内发出 ICMP TTL 到期的消息响应，然后，tracert 程序将 TTL 计数器加 1，继续发送探测报文。

【tracert 命令基础知识】

1. tracert 命令基本格式

应用格式：tracert+目的 IP 地址或域名

不带任何参数的 tracert 命令可用于查看本机分组向目的 IP 地址传送的过程中所经过的路由，默认情况下最多只跟踪 30 个跃点，注意将“+”换成空格。

2. tracert 命令参数说明

应用格式：tracert +命令参数+目的 IP 地址或域名

在命令提示符后直接输入“tracert”命令，并按 Enter 键，查看 tracert 命令的用法及各参数的详细说明，如图 2-16 所示。

```
管理员: 命令提示符

C:\WINDOWS\system32>tracert

用法: tracert [-d] [-h maximum_hops] [-j host-list] [-w timeout]
               [-R] [-S srcaddr] [-4] [-6] target_name

选项:
    -d                 不将地址解析成主机名。
    -h maximum_hops    搜索目标的最大跃点数。
    -j host-list       与主机列表一起的松散源路由(仅适用于 IPv4)。
    -w timeout         等待每个回复的超时时间(以毫秒为单位)。
    -R                 跟踪往返行程路径(仅适用于 IPv6)。
    -S srcaddr         要使用的源地址(仅适用于 IPv6)。
    -4                 强制使用 IPv4。
    -6                 强制使用 IPv6。

C:\WINDOWS\system32>
```

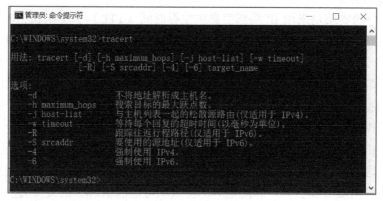

图 2-16　tracert 命令的参数

【实验目的】

① 掌握 tracert 命令的作用及基本用法。
② 熟悉 tracert 命令常用参数的含义。
③ 熟练运用 tracert 命令分析并排除常见的网络故障。

【实验环境】

① 运行 Windows 操作系统的 PC 一台。
② PC 与局域网或 Internet 互联。

【实验拓扑】

实验拓扑图如图 2-17 所示。

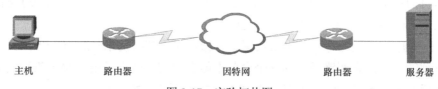

主机
路由器
因特网
路由器
服务器

图 2-17　实验拓扑图

【实验步骤】

第 1 步：输入"ping www.baidu.com"命令，并按 Enter 键，查看本地主机与百度服务器的连通性。

然后，输入"tracert www.baidu.com"命令，并按 Enter 键，查看本地主机向百度服务器传送的分组所经过的路径，如图 2-18 所示。

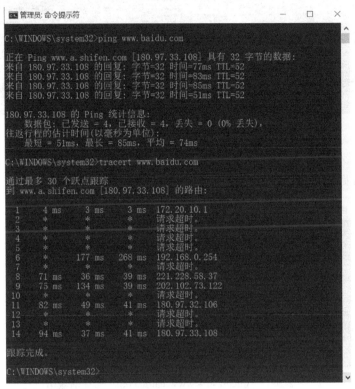

图 2-18　"tracert www.baidu.com"命令的输出

执行结果分析：

tracert 程序能够显示到达目的地址所需的跳数、经过的路由器的 IP 地址、延时、丢包情况等信息，默认情况下它最多支持显示 30 个网络节点。在图 2-18 中，第一行序号 1 表明本地主机访问百度服务器路径上经过的第一个网络节点，即第一跳 IP 地址 172.20.10.1，时间 4ms、3ms、3ms 分别表示源主机发送的一组 IP 数据报（默认 3 个 IP 数据报）到达第一个网络节点的往返时间。最左侧一列序号 1~13 表明本地计算机访问百度服务器时要经过的 13 个路由节点，序号 14 表明 IP 数据报到达目的地址，即百度服务器的其中一台主机（180.97.33.108）。在 14 条记录中出现了 8 个"请求超时"，说明源主机收到了 8 个 ICMP超时通知消息，超时的原因有很多种，如特意在路由上做了过滤限制，或者确实是路由问题等，需要具体问题具体分析。"*"表示源主机未收到 ICMP 消息，可能是某些路由器考虑到安全而过滤 ICMP 报文，因此拒绝返回 ICMP 超时消息。

第 2 步：输入"tracert-d 180.97.33.108"命令，并按 Enter 键，查看到 IP 地址为 180.97.33.108 的路由，并且不需要将 IP 地址解析为主机名，这在一定程度上提高了路由跟踪速度，如图 2-19 所示。

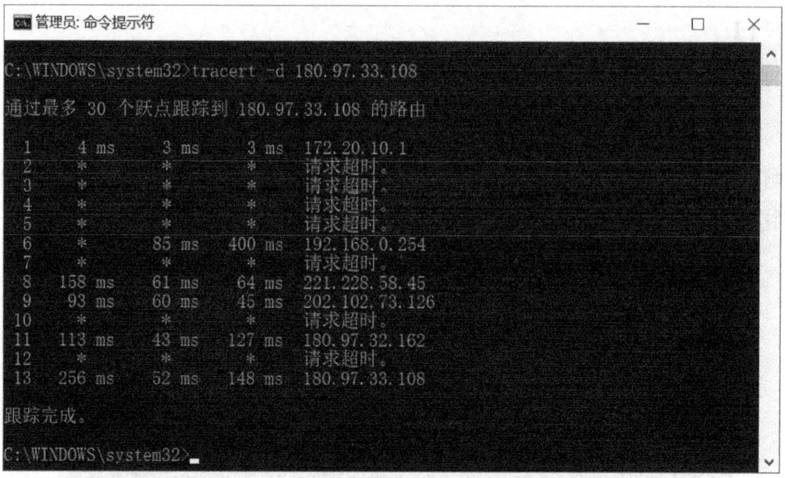

图 2-19 "tracert-d _d 180.97.33.108" 命令的输出

第 3 步：输入 "tracert -h 4 www.baidu.com" 命令，并按 Enter 键，可查看本地主机到百度服务器所经路由中最近的 4 个路由节点的情况，如图 2-20 所示。

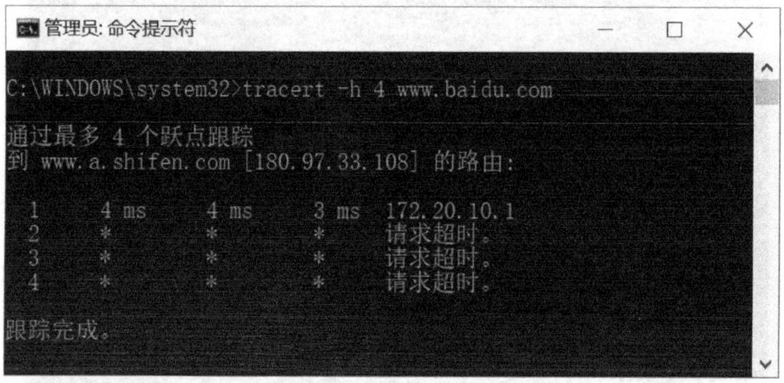

图 2-20 "tracert -h 4 www.baidu.com" 命令的输出

2.4 nslookup 实验

【原理描述】

nslookup 是微软公司发布的用于对 DNS 服务器进行检测和排错的命令行工具，可用于查询 DNS 记录，检测域名解析是否正常，在网络故障时用来诊断网络问题。它允许任何计算机用户根据已知的主机名查询其对应的 IP 地址或反向查找，也可以查找 DNS 记录的生存时间及指定使用某特定 DNS 服务器进行地址解析。使用此工具之前，用户应当熟悉 DNS 的工作原理（注意，只有在已安装 TCP/IP 协议的情况下才可以使用 nslookup 工具）。

nslookup 程序是 DNS 服务的主要诊断工具，提供执行 DNS 服务器查询测试并获取详细信息，通常需要一台名服务器来提供域名服务。使用 nslookup 工具可以诊断和解决名称解析问题，检查资源记录是否在区域中正确添加或更新，以及排除其他服务器的相关问题。

nslookup 命令有非交互式和交互式两种运行模式。

1．非交互式模式

在命令操作符后直接输入如下格式的命令，按 Enter 键，则返回查询结果。

　　nslookup -qt=类型目标域名

　　nslookup -qt=类型目标域名指定的 DNS 服务器 IP 或域名

2．交互式模式

仅在命令操作符后输入 "nslookup" 命令，并按 Enter 键，即可进入 nslookup 交互模式，在交互命令行提示符后输入如下格式的命令，即可进行多块数据查询，输入 "exit" 命令并按 Enter 键，退出交互模式。

　　　set qt=类型设定查询类型，默认设置为 a

　　　IP 或域名要解析的 IP 地址或域名

　　　set qt=另一个类型切换查询类型

　　　help or ？查看帮助

如果只需要查找一块数据，可选用非交互模式；如果要查找多块数据，可使用交互式模式，本实验主要采用非交互模式进行查询。

【nslookup 命令基础知识】

1．正向解析，将域名解析为 IP 地址

应用格式：nslookup+主机域名

这是 nslookup 命令最简单最常用的用法，查询主机域名对应的 IP 地址，默认情况下查询类型为网际协议版本 4（IPv4）地址。其中 "主机域名" 指定要被解析的主机，注意 "+" 要换成空格。此命令向默认的 DNS 服务器发出请求，"请将此主机域名的 IP 地址告诉我"。

2．nslookup 命令参数说明

应用格式：nslookup+ -qt=类型+[IP 地址或域名]+dns-server

通过 qt（query type）指定 DNS 服务器的查询类型，nslookup 命令常见查询类型如表 2-3 所示，以便获取更多更详细的内容。在命令行提示符后面输入 "nslookup ？" 命令，按 Enter 键，即可看到各参数的详细说明，如图 2-21 所示。"dns-server" 指定用于解析的服务器，若无此项参数，则使用默认 DNS 服务器进行解析。

表 2-3　nslookup 命令常见查询类型

查 询 类 型	描　　　　述
a	地址记录（IPv4）
aaaa	地址记录（IPv6）
Afsdb Andrew	文件系统数据库服务器记录
atma ATM	地址记录
cname	别名记录
hinfo	硬件配置记录，包括 CPU、操作系统信息
isdn	域名对应的 ISDN 号码
mb	存放指定邮箱的服务器

（续表）

查 询 类 型	描　　　述
mg	邮件组记录
minfo	邮件组和邮箱的信息记录
mr	改名的邮箱记录
mx	邮件服务器记录
ns	名称服务器记录
ptr	反向记录（从 IP 地址解释域名）
rp	负责人记录
rt	路由穿透记录
srv TCP	TCP 服务器信息记录
txt	域名对应的文本信息
x25	域名对应的 X.25 地址记录

图 2-21　nslookup 命令的参数说明

【实验目的】

① 了解和掌握 DNS 层次结构，利用 nslookup 命令对 DNS 层次结构进行访问。

② 熟练运用 nslookup 命令对域名或 IP 地址进行解析。

③ 学会运用 nslookup 命令诊断常见的 DNS 服务器问题。

【实验环境】

① 运行 Windows 操作系统的 PC 一台，必须安装 TCP/IP 协议。

② PC 与局域网或 Internet 互联。

【实验拓扑】

实验拓扑图如图 2-22 所示。

图 2-22　实验拓扑图

【实验步骤】

第 1 步：正向解析域名 www.baidu.com 的 IP 地址。打开命令控制窗口，输入 "nslookup www.baidu.com" 命令，按 Enter 键，如图 2-23 所示，将域名解析成 IP 地址。具体执行过程为：本地 nslookup 程序向系统默认的域名服务器发出请求，"请将主机名为 www.baidu.com 的 IP 地址告诉我"。此时，屏幕上出现两条信息：第一条为回答此问题的域名服务器名称和 IP 地址，"服务器：UnKnown" 表示 nslookup 命令不知道用户现在使用的是哪一个 DNS 服务器，而"Address：172.20.10.1"表示用户是通过路由器上网的，网关为 172.20.10.1；第二条为默认 DNS 服务器经查询后反馈的结果，即域名 www.baidu.com 的主机实际对应的主机名称和 IP 地址，即名称"www.a.shifen.com"和 IP 地址"180.97.33.107"与"180.97.33.108"。两个 IP 地址说明百度使用了不止一台服务器来均衡负载，www.baidu.com 是主机 www.a.shifen.com 的别名，方便记忆。非权威应答，说明 DNS 服务器查找自身缓存后发现域名 www.baidu.com 的记录存在，则直接提取返回给客户端，并非通过递归迭代的方式一步步从实际存储域名 baidu.com 的 DNS 服务器中获取的域名解析回答。

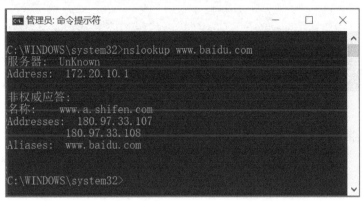

图 2-23　"nslookup www.baidu.com"命令的输出结果

　　第 2 步：指定域名服务器完成正向解析。默认情况下，nslookup 使用本机 TCP/IP 配置中的 DNS 服务器进行查询，但有时需要指定一特定的 DNS 服务器进行查询，此时无须更改本机 TCP/IP 配置，而是在 nslookup 命令后加上指定的 DNS 服务器域名或 IP 即可。这个参数在对一台指定的 DNS 服务器排错时或检测本地 DNS 服务器是否被入侵篡改时非常必要，同时指定 DNS 服务器直接查询结果，也避免了其他服务器缓存查询结果。

　　这里采用 Google 公司提供的公共 DNS 服务器 8.8.8.8 对域名 www.baidu.com 进行正向解析。输入"nslookup -qt=a www.baidu.com 8.8.8.8"命令，并按 Enter 键，结果如图 2-24 所示。域名解析结果与系统默认 DNS 服务器解析结果相同，此命令轻松实现指定的 DNS 服务器进行域名解析。

图 2-24　"nslookup -qt=a www.baidu.com 8.8.8.8"命令的输出结果

第 3 步：查看邮件服务器信息。输入"nslookup -qt=mx www.163.com"命令，查询域内邮件服务器的 IP 地址列表，如图 2-25 所示。

图 2-25   "nslookup -qt=mx www.163.com"命令的输出结果

第 4 步：在命令提示符后输入"nslookup –qt=ns 163.com"命令，按 Enter 键，查询 163.com 的域名信息。一个域名对应多个服务器，由其中一个服务器对域名及附属记录进行解析，如图 2-26 所示。

图 2-26   "nslookup –qt=ns 163.com"命令的输出结果

2.5 Wireshark 的安装与使用

【原理描述】

Wireshark（以前称 Ethereal）是目前最广泛的网络协议分析软件之一，用于网络分组的捕获和协议分析。通过捕获计算机发送和接收的分组，用友好的人机界面，尽可能详细地显示各种分组的层次化协议封装结构和交互过程。

【实验目的】

① 掌握 Wireshark 的安装方法。

② 了解 Wireshark 软件的界面与功能。

③ 掌握运用 Wireshark 在网络拓扑中捕获分组并分析的方法。

【实验内容】

本实验首先介绍 Wireshark 的下载、安装方法及软件界面功能,然后通过一个具体实例,即利用 ping 命令测试本地主机与百度服务器的连通性,讲解如何运用 Wireshark 软件捕获分组,并对捕获的信息进行分析,以便直观地了解 ping 命令的工作原理,从而初步掌握使用 Wireshark 捕获并分析分组的方法。

【实验步骤】

1. 下载并安装 Wireshark

安装 Wireshark 对系统的最低配置要求为:CPU 双核 2.0GHz 或以上,内存 2GB,空闲磁盘空间 2GB,操作系统为 Windows XP、Windows 7、Windows 8 和 Windows 10。首先确认系统能满足最低配置要求,然后进行安装。下面以 Window 7 系统为例来说明安装步骤。

第 1 步:在 Wireshark 官方网站(https://www.wireshark.org)上下载最新版本的安装包,注意,Windows 系统中软件有 32 位和 64 位两个版本,根据计算机操作系统位数(右击"我的电脑",在弹出的快捷菜单中选择"属性"选项,打开有关计算机的基本信息页面,查看系统类型即可)下载相应版本软件,这里选择的是 64 位版本软件,当前最新的版本号为 Wireshark-win64-2.6.5,如图 2-27 所示。

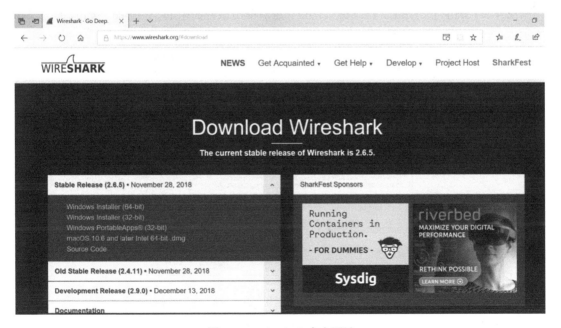

图 2-27　Wireshark 官方网站

第 2 步：下载完成后，双击安装程序"Wireshark-win64-2.6.5.exe"，如图 2-28 所示，执行安装向导。

图 2-28　Wireshark 安装程序

第 3 步：进入欢迎界面，然后单击"Next"按钮，如图 2-29 所示。

图 2-29　欢迎界面

第 4 步：跳至下一界面，仔细阅读协议，然后单击该界面中的"I Agree"按钮，如图 2-30 所示。

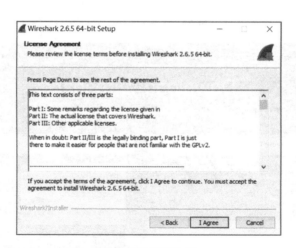

图 2-30　许可协议

第 5 步：跳至选择安装组件界面，如果无特别需求，就用默认选择项，直接单击"Next"按钮，如图 2-31 所示。

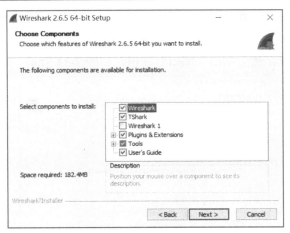

图 2-31　选择安装组件

第 6 步：进入选择附加任务界面，依旧选择默认选择项，然后单击"Next"按钮，如图 2-32 所示。

图 2-32　选择附加任务

第 7 步：选择安装目录，默认安装在 C 盘，可根据需要选择合适的安装目录，这里直接采用默认路径，然后单击"Next"按钮，如图 2-33 所示。

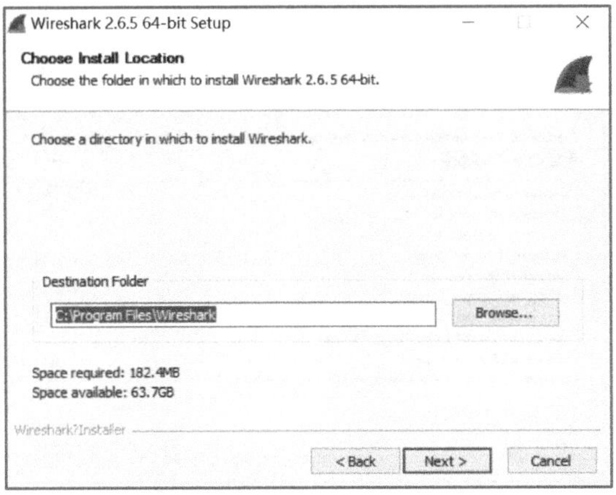

图 2-33　选择 Wireshark 安装目录

第 8 步：安装 WinPcap。Windows 系统中 Wireshark 软件捕获数据依赖于 WinPcap 报文捕获库（Linux 平台下是 libpcap），若目前操作系统中还未安装，则在此选中"Install WinPcap 4.1.3"复选框，然后单击"Next"按钮，如图 2-34 所示。

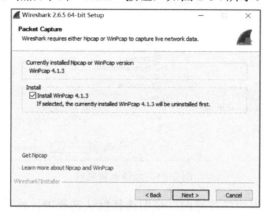

图 2-34　选择需要安装的其他程序

第 9 步：选择是否通过 Wireshark 捕获 USB 设备发来的数据，这里忽略，直接单击"Install"按钮安装 Wireshark，如图 2-35 所示。

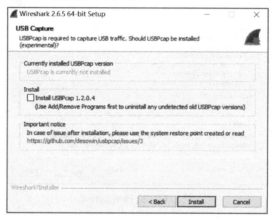

图 2-35　直接安装 Wireshark

第 10 步：Wireshark 软件开始安装，如图 2-36 所示。

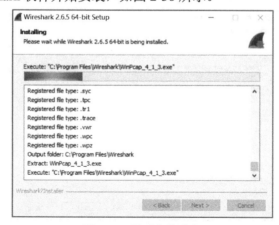

图 2-36　显示安装进度

第 11 步：Wireshark 安装过程中弹出 WinPcap 的欢迎界面，如图 2-37 所示，单击"Next"
按钮安装 WinPcap，此时 Wireshark 安装界面进度条暂停。

图 2-37　安装 WinPcap

第 12 步：阅读许可协议，单击"I Agree"按钮，同意安装 WinPcap，如图 2-38 所示。

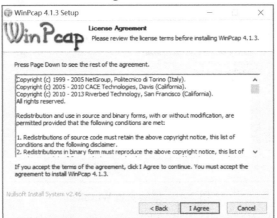

图 2-38　安装 WinPcap 许可协议

第 13 步：单击"Install"按钮，开始安装 WinPcap，如图 2-39 所示。

图 2-39　安装 WinPcap

第 14 步：显示 WinPcap 安装进度，如图 2-40 所示。

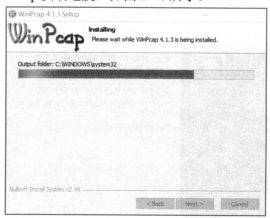

图 2-40　显示 WinPcap 安装进度

第 15 步：WinPcap 安装完成后，Wireshark 软件继续安装，如图 2-41 所示。

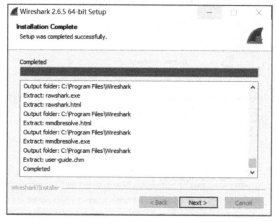

图 2-41　继续安装 Wireshark

第 16 步：Wireshark 安装完成。若想直接运行软件，则选中"Run Wireshark 2.6.5 64-bit"复选框，然后单击"Finish"按钮，运行 Wireshark 软件，或者直接单击"Finish"按钮完成安装，如图 2-42 所示。

图 2-42　Wireshark 安装成功

2. Wireshark 软件界面介绍

运行 Wireshark 软件，会看到用户的图形界面（下载的不同版本的 Wireshark 软件界面会稍有不同，但功能不会有实质性区别，不会导致理解上的困难），Wireshark 2.6.5 64-bit 版本的引导界面如图 2-43 所示。

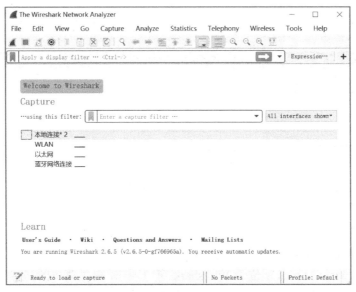

图 2-43　Wireshark 引导界面——未连接因特网

该界面中心区域显示了计算机所有的网络接口，包括本地连接、WLAN、以太网及蓝牙网络连接。图 2-43 中计算机未与因特网或蓝牙连接，因为此时所有网络接口均没有数据传输，所以没有捕获到任何数据。在图 2-44 中，计算机连接了 WLAN，应用程序与因特网中其他程序进行数据交互，所以 WLAN 接口捕获到了数据，此时横线中有了起伏。双击 WLAN，即可清楚地看到捕获数据的详细信息，如图 2-45 所示。

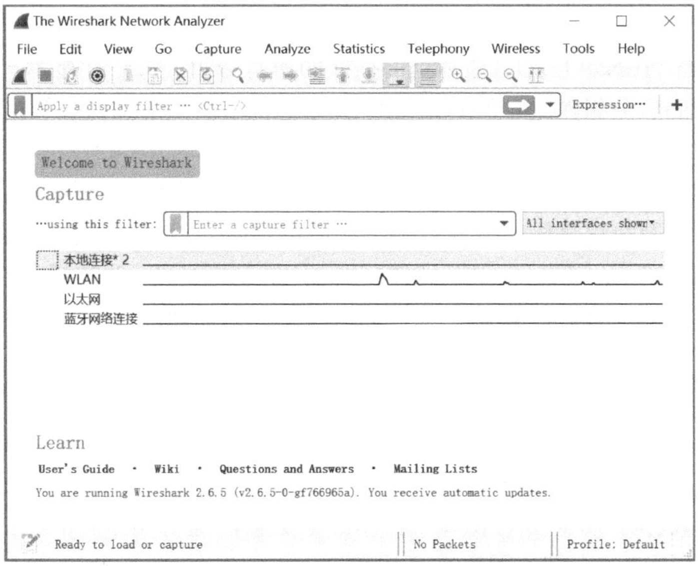

图 2-44　Wireshark 引导界面——连接 WLAN

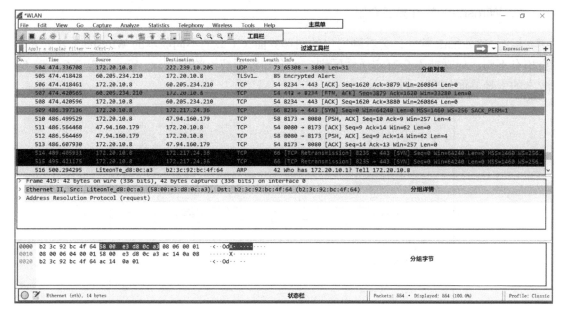

图 2-45　Wireshark 主窗口界面

Wireshark 界面主要由以下 7 个部分组成。

① 主菜单（Main Menus）：位于 Wireshark 窗口顶部，提供菜单的基本界面。其中"File"菜单允许保存当前捕获的分组数据或载入之前捕获的分组数据，注意，必须结束捕获后才能进行保存；"View"菜单允许显示或隐藏主窗口中工具栏、分组列表等模块，并且允许调整分组列表、分组详情等窗口中的字体大小；"Capture"菜单允许选择要捕获的网络接口、编辑捕获过滤设置及控制捕获的开始或停止。

② 工具栏（Toolbar）：位于主菜单下方，提供常用工具入口的快捷按钮，如立即开始捕获、停止当前捕获及保存、关闭当前文件等。

③ 过滤工具栏（Filter Toolbar）：允许输入协议名称或其他信息来编辑过滤器，过滤分组列表中显示的信息。

④ 分组列表（Packet List）：显示当前捕获的所有分组。每一行显示一个分组，包括分组编号、捕获时间、分组源地址和目的地址、分组长度及采用的协议等信息，单击某一行即可在分组详情模块中查看此分组首部的详细信息。

⑤ 分组详情（Packet Details）：显示分组列表中被选中的分组的详情列表，包括此分组各层采用的协议及协议字段的具体内容，可通过单击"＞"符号展开查看。

⑥ 分组字节（Packet Bytes）：以 ASCII 和十六进制格式显示当前捕获的帧的全部内容。

⑦ 状态栏（Status Bar）：显示已选择的协议及当前捕获的分组数量等信息。

3. Wireshark 测试

使用 Wireshark 捕获 ping 命令的数据报。运行 Wireshark 软件，打开软件引导页，因为计算机连接 WLAN，所以双击 WLAN 网络接口，如图 2-46 所示，Wireshark 软件开始捕获 WLAN 接口上的数据，分组列表窗口中数据滚动更新，说明 Wireshark 在不停地捕获计算机 WLAN 接口与因特网中其他程序交互的数据。

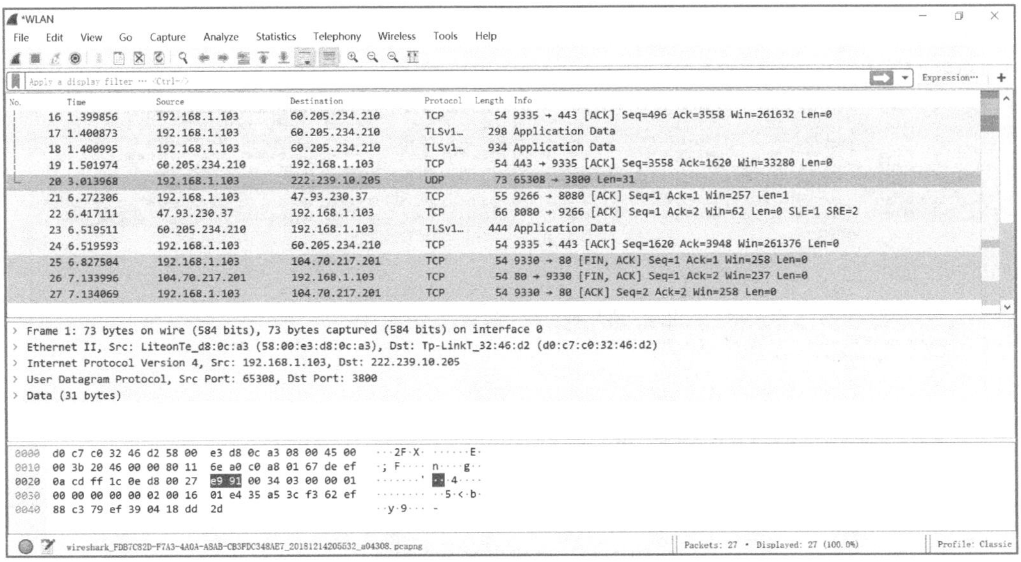

图 2-46　Wireshark 捕获 ping 命令的数据报

保持 Wireshark 运行状态，开启控制台命令窗口，在命令提示符后直接输入"ping www.baidu.com"命令，测试本地计算机与百度服务器的连通性，如图 2-47 所示，默认情况下，本地主机成功收到来自百度服务器的其中一台主机的 4 个回复消息，说明本地主机可以正常访问百度服务器。

图 2-47　"ping www.baidu.com"命令的输出结果

2.1 节中学习 ping 命令时大家知道，ping 命令使用的是因特网控制报文协议 ICMP。现在回到 Wireshark 软件界面，单击工具栏中的红色方块，停止捕获数据，此时 Wireshark 界面中分组列表不再更新。因为要查看 ICMP 报文，所以在过滤工具栏中输入协议名称 ICMP，使分组列表窗口中只显示 ICMP 协议的分组，如图 2-48 所示。

Wireshark 捕获到 8 个 ICMP 报文，其中本地主机 192.168.1.103 向百度服务器 180.97.33.108 发送了 4 个 ICMP 回送请求报文（Echo request），百度服务器 180.97.33.108 向本地主机 192.168.1.103 发送了 4 个 ICMP 回送回答报文（Echo reply）。观察分组列表中第一行内容，源地址 192.168.1.103，即本地主机，目的地址 180.97.33.108，即百度服务器，所以此报文即本地主机向百度服务器发送的第一个 ICMP 回送请求报文，双击列表中第一行，报文的详细信息如图 2-49 所示。

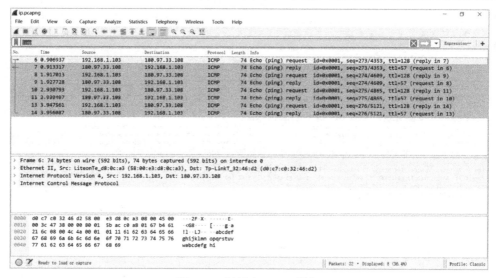

图 2-48 过滤出 ICMP 报文

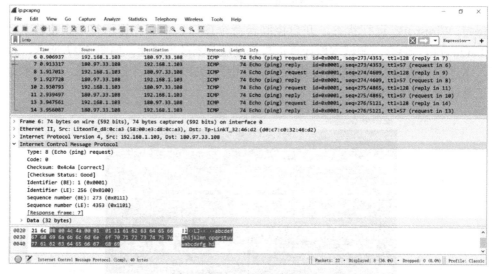

图 2-49 ICMP 回送请求报文

单击分组详情中最后一行"Internet Control Message Protocol"前的">"符号，查看 ICMP 报文。从图 2-49 中可知，此 ICMP 报文类型 8，代码 0，校验和为 0x4c4a，ICMP 报文承载的数据部分长度为 32 字节。其中第 1 个字节 08 和第 2 个字节 00 分别表示 ICMP 的类型和代码，即 ICMP 回送请求报文；第 3、4 个字节 4c、4a，即 ICMP 报文的校验和；接下来第 5、6 字节 01、11 和第 7、8 字节 00、05 分别表示标识码和序列码；接着后面的 32 字节是发送的数据，可以看到其数据为 abcdefghijklmnopqrstuvwabcdefghi。

分组列表第二行中，源地址 180.97.33.108，目的地址 192.168.1.103，即百度服务器向本地主机发送的第一个 ICMP 回送回答报文。双击列表中第二行，在分组详情窗口中查看报文的详细信息，如图 2-50 所示。

从分组详情中查看 ICMP 报文具体内容，前两个字节 00、00 仍然是 ICMP 报文类型及代码，即 ICMP 回送回答报文。其他信息请自行查看。

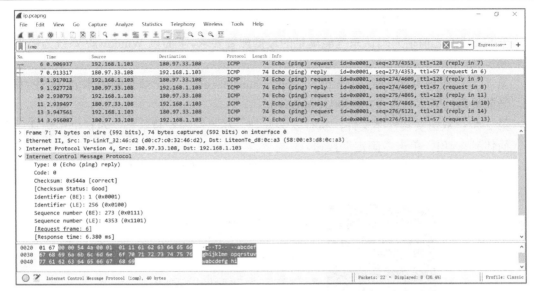

图 2-50　ICMP 回送回答报文

2.6　eNSP 的安装与使用

【原理描述】

eNSP 是由华为提供的免费网络模拟平台软件，能够模拟 PC 终端、集线器、交换机、路由器、帧中继交换机等多种网络设备进行组网通信，支持校园网、企业网等大型网络的软件模拟，可以在没有真实设备的情况下为用户学习网络技术知识、验证网络设计部署方案、训练设备操作使用技能，提供逼真的模拟环境。

【实验目的】

① 掌握 eNSP 模拟器的安装方法。
② 了解 eNSP 软件的界面与功能。
③ 掌握使用 eNSP 搭建并运行简单网络拓扑的基本方法。

【实验内容】

本实验首先介绍 eNSP 模拟器的下载安装方法及软件界面功能，然后通过一个具体实例讲解如何运用 eNSP 搭建简单网络拓扑，最后基于该实例介绍终端设备的操作方法，以及使用 Wireshark 进行分组捕获与分析的方法。

【实验步骤】

1．下载并安装 eNSP

安装单机版 eNSP 对系统的最低配置要求为：CPU 双核 2.0GHz 或以上，内存 2GB，空闲磁盘空间 2GB，操作系统为 Windows XP、Windows 7、Windows 8 和 Windows 10。要

注意，在最低配置的系统环境下组网设备最大数量为 10 台。

安装 eNSP 之前请先确认系统能满足的最低配置要求。下面以 Windows7 系统为例来说明安装步骤。

第 1 步：在华为官方网站（https://support.huawei.com）上下载最新版本的 eNSP 安装包，当前最新的版本号为 V100R002C00B510。

第 2 步：双击安装程序文件，执行安装向导，在"选择安装语言"对话框中选择"中文（简体）"选项，单击"确定"按钮。

第 3 步：进入欢迎界面，如图 2-51 所示。然后单击"下一步"按钮。

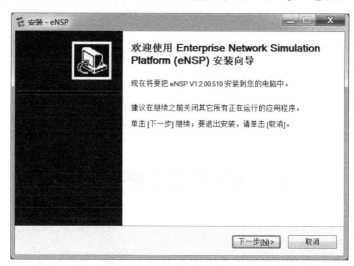

图 2-51　欢迎界面

第 4 步：设置许可协议，认真阅读并选择"我愿意接受此协议"，然后单击"下一步"按钮。

第 5 步：设置 eNSP 的安装目录，可以根据需要选择目录路径，但要注意路径中不要包含非英文字符，如图 2-52 所示。然后单击"下一步"按钮。

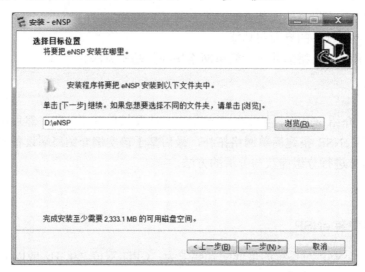

图 2-52　选择 eNSP 安装目录

第 6 步：设置 eNSP 程序快捷方式，可以使用默认参数，然后单击"下一步"按钮。

第 7 步：选择是否要在桌面添加快捷方式，然后单击"下一步"按钮。

第 8 步：选择需要安装的其他程序，由于已经安装了 Wireshark，前两项可以不必安装，只选择安装 VirtualBox，如图 2-53 所示。然后单击"下一步"按钮。

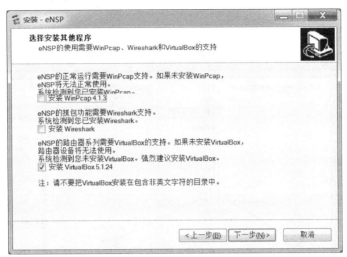

图 2-53　选择需要安装的其他程序

第 9 步：安装完 eNSP 后，会继续安装 VirtualBox。全部安装完成后，即可运行 eNSP。

2. eNSP 软件界面

启动 eNSP 模拟器后，首先会看到如图 2-54 所示的引导界面。

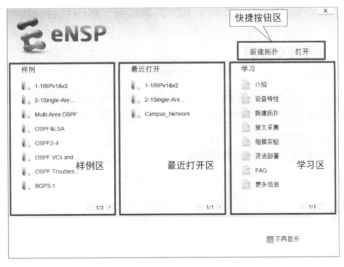

图 2-54　eNSP 引导界面

引导界面主要包括 4 个功能区：界面右上方的"快捷按钮区"，以及下面并排的"样例区""最近打开区"和"学习区"。快捷按钮区提供新建和打开拓扑的操作入口。"样例区"提供 eNSP 自带的拓扑案例，"最近打开区"显示最近打开过的拓扑文件名称，"学习区"提供学习 eNSP 操作方法的资源入口。如果不希望每次启动都出现引导界面，可以选中"不再显示"复选框，然后单击右上角的关闭按钮，将引导界面关闭。

这里选择"样例区"中的第一个案例"1-1RIPv1&v2"，将出现如图 2-55 所示的主界面。主界面的五大功能区已用粗实线框出，分别是"主菜单""工具栏""网络设备区""工作区"和"设备接口区"。注意，按 Ctrl+R（或 Ctrl+L）组合键可以显示或隐藏右边的"设备接口区"（左边的"网络设备区"）。

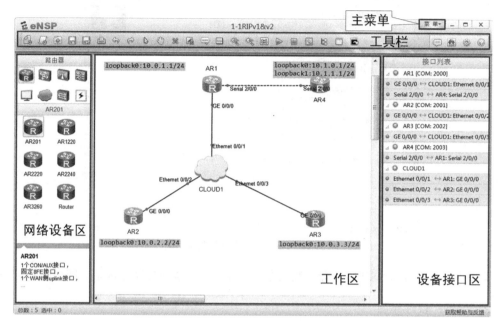

图 2-55　eNSP 模拟器主界面

主菜单位于主界面的右上方，是一个下拉菜单按钮，单击它会出现"文件""编辑""视图""工具""考试""帮助"等菜单项。每个菜单项的作用简述如下。

文件：可完成针对拓扑图文件的新建、打开、保存、打印等操作。

编辑：可完成撤销、恢复、复制、粘贴等操作。

视图：可完成针对拓扑图的缩放、控制主界面左右侧工具栏区的显示等操作。

工具：包括绘制拓扑图形的调色板工具、设备启动/停止、数据捕获工具、设备注册管理工具，以及各种选项参数配置工具等。

考试：可参照标准答案对学生答案进行自动阅卷评分。

帮助：可完成查看帮助文档、联网检查 eNSP 软件更新等操作。

工具栏位于主菜单下方，是一组提供常用工具入口的快捷按钮。各按钮的功能在表 2-4 中进行了简要介绍。一些工具的使用方法将在后续结合具体的实例进行介绍。

表 2-4　主界面工具栏图标功能

图　标	功　能　说　明	图　标	功　能　说　明
	新建拓扑		新建试卷工程
	打开拓扑		保存拓扑
	另存为指定文件名和文件类型		打印拓扑
	撤销上次操作		恢复上次操作

（续表）

图　标	功　能　说　明	图　标	功　能　说　明
	恢复鼠标		选定工作区，便于移动
	删除对象		删除所有连线
	添加描述框		添加图形
	放大		缩小
	恢复原大小		启动设备
	停止设备		采集数据报文
	显示所有接口		显示网格
	打开拓扑中设备的命令行界面		eNSP 论坛
	华为官网		选项设置
	帮助文档		

　　"网络设备区"位于主界面窗口的左侧，可为用户编辑网络拓扑图提供各种设备和连接线，参见图 2-55。实际上，"网络设备区"从上至下由设备类别区、设备型号区和参数说明区 3 个部分组成。最上面的设备类别区中用图标列出了 eNSP 支持的设备，如表 2-5 所示。如果在设备类别区中选择其中一种设备，那么下面的设备型号区中将列出当前 eNSP 支持的该类所有设备型号。如果在设备型号区选择一个图标，那么该型设备的具体参数描述文字会在参数说明区中显示。例如，图 2-55 中设备类别区选择了路由器，设备型号区选择了 AR201，参数说明区对 AR201 进行了具体描述。

表 2-5　设备类别图标及功能说明

图　标	功　能　说　明	图　标	功　能　说　明
	企业路由器		企业交换机
	WLAN 设备		防火墙
	终端设备		其他设备
	自定义设备		连接线

　　"工作区"位于主界面窗口的中部。用户可在此区域创建网络拓扑。图 2-55 中"工作区"显示的是案例"1-1RIPv1&v2"的网络拓扑。

　　"设备接口区"显示拓扑中的设备和设备已连接的接口。在启动设备运行后，可通过观察该区域中设备的指示灯颜色了解接口的运行状态。红色表示设备未启动或接口处于物理 DOWN 状态。绿色表示设备已启动或接口处于物理 UP 状态。蓝色表示接口正在采集报文。右击设备名，可以启动/停止设备。右击处于物理 UP 状态的接口名，可启动/停止接口报文采集。

3．搭建并运行网络拓扑

　　下面搭建一个简单的网络拓扑：一台交换机连接两台终端。基本操作步骤如下。

　　第 1 步：新建拓扑。单击工具栏中的"新建拓扑"图标　，创建一个空白的实验场景。接下来按"Ctrl+S"组合键，弹出"另存为"对话框，将该拓扑命名并保存到本地硬盘。

第 2 步：选择设备。首先添加交换机：在"网络设备区"顶部单击"企业交换机"图标，并单击下方显示的型号为 S3700 的交换机图标，此时将鼠标指针移动到右侧空白实验场景后发现，指针形状由箭头变成了交换机样式，在其上单击则自动添加一台交换机。其次添加终端：方法同上述添加交换机，单击左侧"终端设备"图标，在下面出现的所有终端设备中单击图标，并在右侧实验场景中不同位置单击，添加两台 PC 终端。单击工具栏中的"恢复鼠标"图标，然后双击终端设备名称，重命名为 PC1 和 PC2，效果如图 2-56 所示。如果此过程中操作有误，想删除已添加的某些设备，则只需单击工具栏中的"删除"图标，鼠标指针在实验场景中变成十字形状，然后单击欲删除的设备，并在弹出的窗口中单击"是"按钮，即可成功删除。

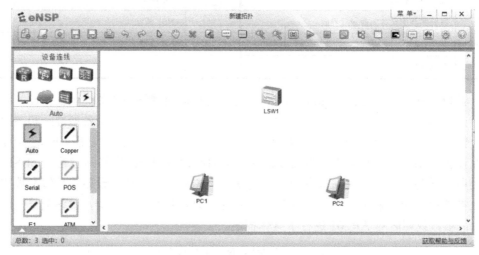

图 2-56 选择终端设备

第 3 步：连接设备。在"网络设备区"顶部单击"连接线"图标，在显示的连接线中单击图标，然后单击设备并选择端口进行连接。此交换机显示 22 个以太网口，PC 终端均有一个以太网口，设备端口连接对应关系如表 2-6 所示，其中 e 表示以太网端口。网络建立后发现，PC 与交换机连线的两端均为红点，说明目前所有端口都处于关闭状态。

表 2-6 设备端口连接对应表

PC1 端口……e0/0/1	LSW1 端口……e0/0/1
PC2 端口……e0/0/1	LSW1 端口……e0/0/2

第 4 步：配置设备。交换机为即插即用设备，无须配置，交换机连接的两台终端属于同一局域网，PC 间实现通信最基本的配置是 IP 地址和子网掩码。右击终端"PC1"图标，在弹出的菜单中选择"设置"选项，打开"PC1"属性设置窗口，如图 2-57 所示。属性窗口主要包括"基础配置""命令行""组播""UDP 发包工具"和"串口"5 个标签页，分别用于不同需求设置。这里选择"基础配置"页面，在"主机名"文本框中输入 PC1 的主机名称；"MAC 地址"已经存在，无须修改；在"IPv4 配置"选项区域中选中"静态"单选按钮，然后在"IP 地址"和"子网掩码"文本框中分别输入"192.168.10.2"和"255.255.255.0"，如图 2-57 所示。本实验中"网关""DNS"和"IPv6"无须配置。配置完成后，单击右下角的"应用"按钮，然后关闭"PC1"属性配置窗口。

图 2-57　PC1 基础配置

PC2 的配置方法同 PC1，其中，PC2 的 "IP 地址" 和 "子网掩码" 分别为 "192.168.10.3" 和 "255.255.255.0"。完成基础配置后，两台终端设备即可进行通信。

第 5 步：启动设备。右击 "PC1" 图标，在弹出的菜单中选择 "启动" 选项，如图 2-58 所示，或者单击 "PC1" 图标，然后单击工具栏中的 "启动设备" 图标 ▷，启动该设备。PC2 和交换机启动方法同 PC1，这种方法每次只能启动或停止一台设备。若有多台设备均需启动时，可以拖动鼠标选中所有欲启动设备，被选中设备均由蓝色变为土黄色，然后在其上右击，在弹出的快捷菜单中选择 "启动" 选项或单击工具栏中的 "启动设备" 图标 ▷，同时启动多台设备，如图 2-59 所示。此时，连线两端的红点均变为绿色，说明所有端口都处于打开状态。

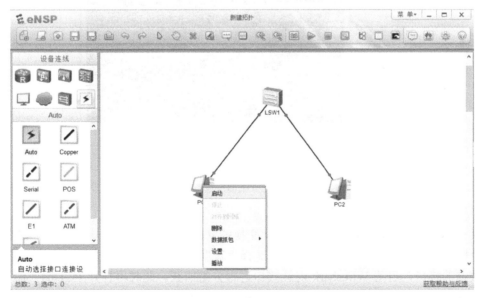

图 2-58　启动 PC1

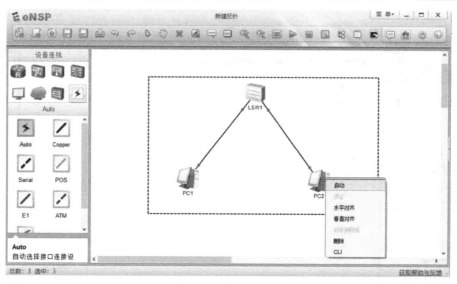

图 2-59　同时启动多台设备

第 6 步：验证网络功能。双击"PC1"图标，在弹出的配置窗口中选择"命令行"选项卡，直接输入"ping 192.168.10.3"命令，测试 PC1 与 PC2 的连通性，结果如图 2-60 所示。PC1 向 PC2 发送 5 个 ICMP 请求报文，并成功收到来自 PC2 的 5 个 ICMP 回送报文，说明 PC1 与 PC2 之间可正常通信。

图 2-60　验证网络功能

4．Wireshark 捕获分组并分析

采用 Wireshark 捕获 PC1 与 PC2 之间交换的 ICMP 报文，并进一步分析 ICMP 协议。右击"PC1"图标，在弹出的快捷菜单中选择"数据抓包"，并在显示的接口列表中选择被捕获数据的接口，启动 Wireshark 对该接口进行分组捕获。此时再打开 PC1 的"命令行"页面，输入"ping 192.168.10.3"命令，并按 Enter 键。稍后停止 Wireshark 捕获分组，并在过滤器中输入"icmp"，使其仅显示 ICMP 报文，结果如图 2-61 所示。具体分析请参考 2.5 节中 Wireshark 捕获 ping 命令数据报的过程。

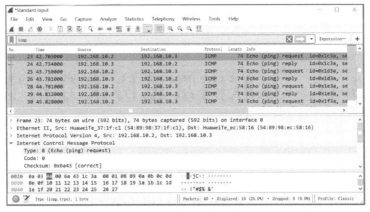

图 2-61　Wireshark 捕获数据

习　题

1．最常用于测试端到端之间网络连通性的程序是（　　）。

A．ARP　　　　　　B．nslookup　　　　　　C．ping　　　　　　D．ipconfig

2．如果想知道主机的 IP 地址是通过动态分配还是静态配置，可通过（　　）命令进行查看。

A．DHCP　　　　　B．DNS　　　　　　C．ping　　　　　　D．ipconfig

3．Windows 系统自带的可以对一台主机到指定的任意一台主机之间的路由进行追踪的应用程序是（　　）。

A．tracert　　　　　B．ping　　　　　　C．ipconfig　　　　　D．ftp

4．当主机无法正常访问某网站时，如果网站运行正常，则首先要排查 DNS 对网站域名解析是否正确，此时可通过（　　）程序查看 DNS 解析结果。

A．telnet　　　　　B．nslookup　　　　　C．ARP　　　　　　D．ftp

5．使用 ping 命令测试与百度服务器的连通性，并通过 Wireshark 捕获分组，过滤后结果如图 2-62 所示。本地主机共收到来自百度服务器的（　　）个回送报文。

A．2　　　　　　B．3　　　　　　C．4　　　　　　D．5

图 2-62　习题图

第 3 章　互联网常见协议分析实验

所谓网络协议分析，是指对一个分组的协议头部和尾部各字段进行语法解析和语义翻译的过程。完成协议分析首先要能够捕获网络上传输的各种分组，这样的程序或设备称为分组捕捉器，也称为分组嗅探器。网络管理员通过网络分组捕捉器诊断有线或无线网络中的各种问题，如获取通过网络的数据信息、鉴别有问题的终端/服务器、获取网络使用统计信息等。对于有意从事计算机网络相关工作的读者来说，熟练使用网络分组捕捉器是一项非常重要的技能。

Sniffer 和 Wireshark 是两种最常见的网络分组捕捉器。本章选用 Wireshark 来进行实验，主要因为它是一款功能完善、界面友好的开源软件。Wireshark 的安装与使用已经在 2.5 节中介绍过，下面进行具体的协议分析。

完成本章实验，要求读者的主机能够接入互联网。如果主机无法联网，我们也为每个协议分析实验提供了配套的分组捕捉数据文件，加载到 Wireshark 中即可离线完成实验。

3.1　应用层协议分析

3.1.1　HTTP 协议分析

【原理描述】

1. 概述

HTTP 是因特网中应用最为广泛的一种协议，所有的 WWW 文件都必须遵守这个标准。它基于 TCP/IP 来传递数据（包括 HTML 文件、图片文件、查询结果等），HTTP 是一个属于应用层的面向对象的协议，以其简便、快速的方式，适用于分布式超媒体信息系统。HTTP 工作于客户端/服务端架构上，浏览器作为 HTTP 客户端通过 URL 向 HTTP 服务器端（即 Web 服务器端）发送所有请求，Web 服务器端根据接收到的请求，向客户端发送响应信息。

2. 报文格式

HTTP 有两种报文格式：HTTP 请求消息（Request）和 HTTP 响应消息（Response）。
（1）HTTP 请求消息
客户端发送一个 HTTP 请求消息到服务器端，包括请求行（Request Line）、请求头部（Header）、空行和请求数据 4 个部分，具体报文格式如图 3-1 所示。

图 3-1　HTTP 请求消息报文格式

① 请求行：用来说明请求类型、要访问的资源及所使用的 HTTP 版本。

② 请求头部：为服务器端提供了一些额外的信息，如客户端希望接收什么类型的数据。有零个或多个头部字段，后面跟一个冒号（：），接着是一个值，最后是一个回车符。

③ 空行：表示请求头部的结束和实体主体的开始。

④ 请求数据：也称为主体，可以添加任意数据。

根据 HTTP 标准，HTTP 有多种请求方法，具体如表 3-1 所示。

表 3-1　HTTP 请求方法

方 法 名 称	描　　　述
GET	请求读取由 URL 所标志的信息
HEAD	请求读取由 URL 所标志信息的首部
POST	向指定资源提交数据进行处理请求（如提交表单或上传文件）。数据被包含在请求体中。POST 请求可能会导致新的资源建立或已有资源的修改
PUT	从客户端向服务器端传送的数据取代指定文档的内容
DELETE	请求服务器端删除指定的页面
CONNECT	HTTP/1.1 中预留给能够将连接改为管道方式的代理服务器
OPTIONS	允许客户端查看服务器端的性能
TRACE	回显服务器端收到的请求，主要用于测试或诊断

（2）HTTP 响应消息

一般情况下，服务器端接收并处理客户端发来的请求后会返回一个 HTTP 的响应消息。HTTP 响应消息也由 4 个部分组成，分别是状态行、响应头部、空行和响应包体，具体如图 3-2 所示。

图 3-2　HTTP 响应消息

① 状态行：状态行由 HTTP 版本字段、状态码和状态码的描述文本 3 个部分组成，它们之间用空格隔开。

② 响应头部：为客户端提供信息，如客户端在与哪种类型的服务器端进行交互。有零个或多个头部字段，后面跟着一个冒号（：），接着是一个值，最后是一个回车符。

③ 空行：表示响应头部的结束和实体主体部分的开始。

④ 响应包体：服务器端返回给客户端的文本信息。

状态码是用来表示网页服务器端 HTTP 响应状态的 3 位数字代码，第一个数字定义了响应的类别，共分为 5 种类别，如表 3-2 所示。

表 3-2　HTTP 状态码类别

类　　别	含　　义
1xx	指示信息：表示请求已接收，继续处理
2xx	成功：表示请求已被成功接收、理解
3xx	重定向：要完成请求必须进行进一步的操作
4xx	客户端错误：请求有语法错误或请求无法实现
5xx	服务器端错误：服务器端未能实现合法的请求

HTTP 常见状态码如表 3-3 所示。

表 3-3　HTTP 常见状态码表

状　态　码	状　态　消　息	含　　义
200	OK	客户端请求成功
400	Bad Request	客户端请求有语法错误，不能被服务器端所理解
401	Unauthorized	未授权
403	Forbidden	服务器端收到请求，但是拒绝提供服务
404	Not Found	请求资源不存在，如输入了错误的 URL
500	Internal Server Error	服务器端发生不可预期的错误
503	Server Unavailable	服务器端当前不能处理客户端的请求，一段时间后可能恢复正常

【实验目的】

①掌握应用层 HTTP 的概念、功能。

②掌握 HTTP 报文格式和各字段的作用。

【实验内容】

①利用主机访问某个网址，并使用 Wireshark 捕捉分组数据。

②观察捕获的报文，对 HTTP 请求报文和响应报文进行分析。

【实验步骤】

登录一个简单网页，如百度（www.baidu.com），不包含任何内嵌对象。按以下步骤操作。

第 1 步：打开 Web 浏览器。运行 Wireshark，在 Wireshark 主窗口顶部的 Filter 框中输入 "http"，如此，在捕捉的分组中，只有 HTTP 消息会显示在分组列表窗口中（现在只关心 HTTP，并不想看到其他分组）。

第 2 步：等待约 1 分钟（后面会解释原因），然后开始 Wireshark 分组捕捉。

第 3 步：在浏览器中输入网址"http://www.baidu.com"。

第 4 步：停止 Wireshark 分组捕捉。Wireshark 窗口如图 3-3 所示。如果你的计算机无法访问互联网，我们提供了执行上述步骤后保存的数据文件可供下载。

由图 3-3 可知，一个数据详情中主要包含 4 层，详情依次如下。

① Frame：物理层数据帧概况。

② Ethernet　II：数据链路层以太网帧头部信息。

③ Internet Protocol Version 4：互联网 IP 数据报头信息，即 IP 数据报的首部部分。

④ Transmission Control Protocol：网络层控制协议信息，此处是 Hypertext Transfer Protocol，即 HTTP 协议。

第 5 步：查看 HTTP 请求报文，如图 3-3 所示，该报文是一个 GET 请求报文（具体报文内容以实际情况为准）。

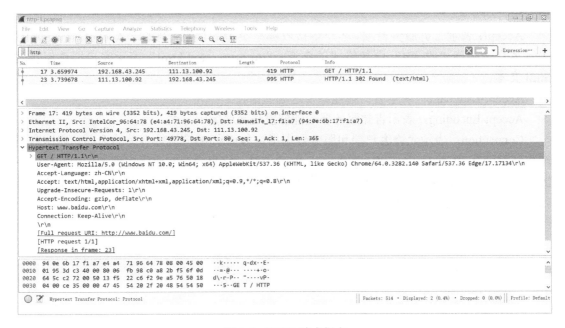

图 3-3　HTTP 请求报文

① 请求行。GET：表示请求类型。其中，"1.1"表示 HTTP 版本，"\r"表示回车符，"\n"表示换行，如图 3-4 所示。

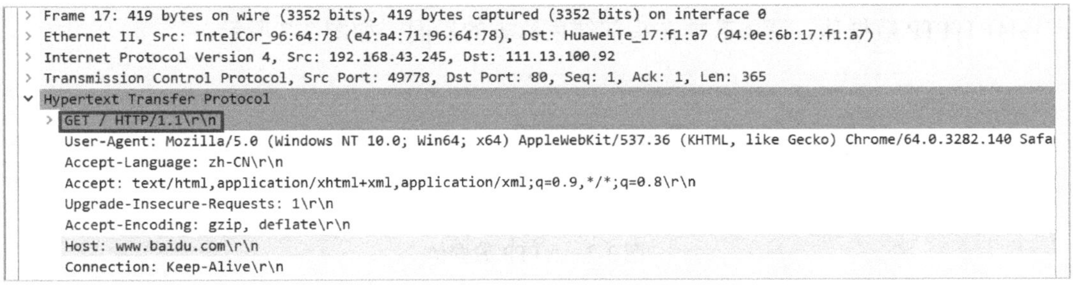

图 3-4　HTTP 请求报文——GET

② 消息报头。"Host:"表示请求的目的地。其中,"www.baidu.com"表示接收请求的服务器端网址,如图 3-5 所示。

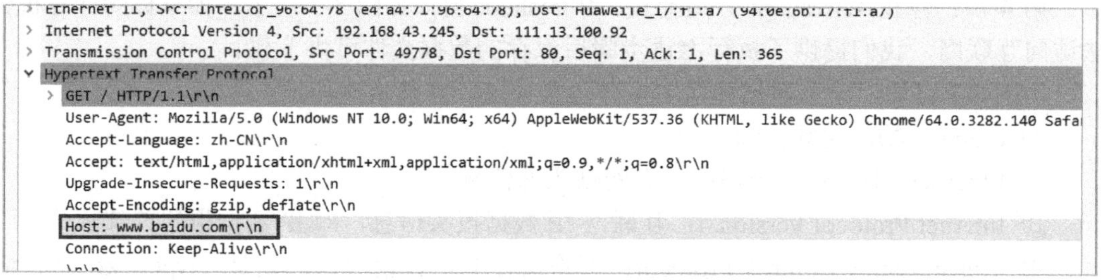

图 3-5　HTTP 请求报文——Host

User-Agent:表示将发出请求的应用程序名称告知服务器端。服务器端和客户端脚本都能访问它,它是浏览器类型检测逻辑的重要基础。该信息由浏览器来定义,并且在每个请求中自动发送。

Accept:表示告诉服务器端,客户端接收哪些类型的信息。例如,"Accept:image/gif"表示客户端希望接收 GIF 图像格式的资源,"Accept:text/html"表示客户端希望接收 html 文本。

Accept-Language:表示客户端能够发送哪些语言。

Accept-Encoding:表示告知服务器端能够发送哪些编码方式。

Connection:表示允许客户端和服务器端指定与请求/响应连接有关的选项。当服务器端收到附带有"Connection:Keep-Alive"的请求时,它也会在响应头中添加一个同样的字段来使用 Keep-Alive。这样,客户端和服务器端之间的 HTTP 连接就会被保持,不会断开(超过规定时间和意外断电等情况除外),当客户端发送另外一个请求时,就使用这条已经建立的连接。

③ 头部结束标志。以回车符和换行符作为消息报头结束标志,如图 3-6 所示。

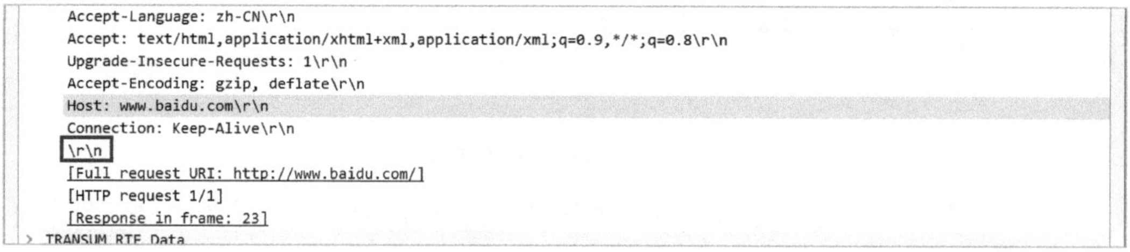

图 3-6　头部结束标志

④ HTTP 数据体。请求数据在头部结束标志的后面,如图 3-7 所示。

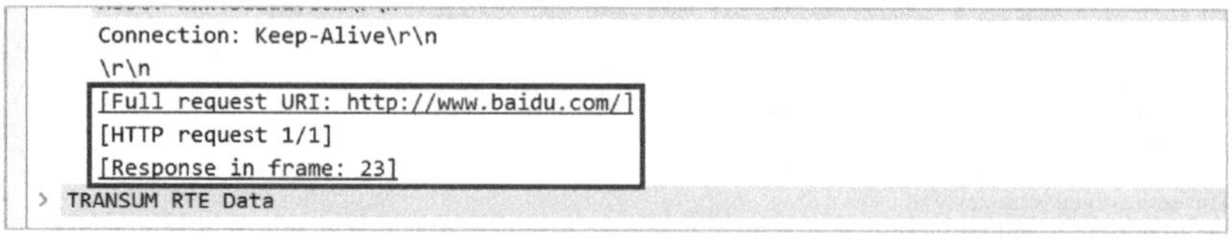

图 3-7　HTTP 数据体

第 6 步:查看 HTTP 的响应报文,报文详情如图 3-8 所示。

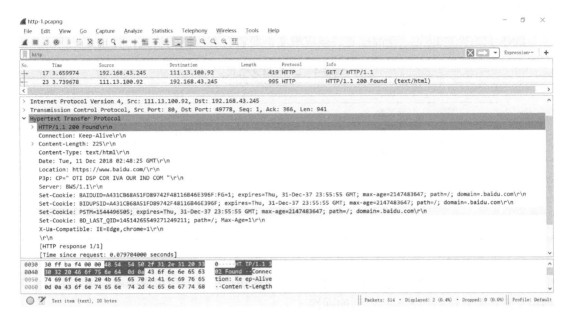

图 3-8　HTTP 响应报文

① 状态行。"HTTP/1.1"表明 HTTP 版本为 1.1，"200"表示状态码为 200，即成功处理了请求，"OK"表示状态消息为 OK。

② 响应头部。

Date：表示生成响应的日期和时间。

Server：表示服务器端应用程序软件的名称和版本，本实验服务器端应用程序为 BWS。

Transfer-Encoding：表示传输编码。

Content-Type：表示主体的对象类型。

③ 头部结束标志。以回车符和换行符作为消息头部结束的标志。

说明：响应报文中的头部字段还有很多，这里不再一一介绍，感兴趣的读者可以查阅相关资料深入学习。

3.1.2　DNS 协议分析

【原理描述】

1. 概述

识别主机有两种方式：主机名、IP 地址。前者便于记忆（如 www.yahoo.com），但路由器很难处理（主机名长度不定）；后者定长、有层次结构，便于路由器处理，但难以记忆。折中的办法就是建立 IP 地址与主机名间的映射，这就是域名系统 DNS 做的工作。DNS 通常由其他应用层协议使用（如 HTTP、SMTP、FTP），将主机名解析为 IP 地址，其运行在 UDP 之上，使用 53 号端口。

注意，DNS 除了提供主机名到 IP 地址的转换，还提供的服务包括主机别名、邮件服务器别名和负载分配。

2. DNS 报文格式

DNS 只有两种报文：查询报文、响应报文，两者有着相同的格式，如表 3-4 所示。

表 3-4　DNS 报文格式

首部区域	16		16		12 字节
	标识数		标志		
	问题数		回答 RR 数		
	权威 RR 数		附加 RR 数		
	问题区域				
	回答区域				
	权威区域				
	附加区域				

（1）首部区域

① 标识数。对该查询进行标识（图 3-9），该标识会被复制到对应的响应报文中，客户端用它来匹配发送的请求与接收到的回答。

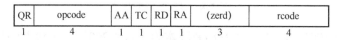

QR	opcode	AA	TC	RD	RA	(zerd)	rcode
1	4	1	1	1	1	3	4

图 3-9　DNS 报文首部区域的标识

QR（1 比特）：查询/响应的标志位，1 为响应，0 为查询。

opcode（4 比特）：定义查询或响应的类型（若为 0 则表示是标准的，若为 1 则是反向的，若为 2 则是服务器端状态请求）。

AA（1 比特）：授权回答的标志位。该位在响应报文中有效，1 表示名称服务器是权限服务器（关于权限服务器以后再讨论）。

TC（1 比特）：截断标志位。1 表示响应已超过 512 字节并已被截断。

RD（1 比特）：该位为 1 表示客户端希望得到递归回答（递归以后再讨论）。

RA（1 比特）：只能在响应报文中置为 1，表示可以得到递归响应。

zero（3 比特）：保留字段。

rcode（4 比特）：返回码，表示响应的差错状态，通常为 0 和 3，各取值含义如表 3-5 所示。

表 3-5　返回码的取值含义

返回码	取值含义
0	无差错
1	格式差错
2	问题在域名服务器上
3	域参照问题
4	查询类型不支持
5	在管理上被禁止
6～15	保留

② 问题数、回答 RR 数、权威 RR 数、附加 RR 数。这 4 个字段都是 2 字节，分别对应下面的查询问题、回答、授权和附加信息部分的数量。一般问题数都为 1，DNS 查询报文中，资源记录数、授权资源记录数和附加资源记录数都为 0。

（2）问题区域

问题区域中是正在进行的查询信息，包括查询名（被查询主机名称的名称字段）、查询类型、查询类，如图 3-10 所示。

图 3-10　DNS 报文的问题区域

① 查询名。查询名部分长度不定，一般指要查询的域名（也会有 IP 的时候，即反向查询）。此部分由一个或多个标识符序列组成，每个标识符以首字节数的计数值来说明该标识符长度，每个名称以 0 结束。计数字节数必须在 0~63 之间。该字段无须填充字节，例如，查询名为 gemini.tuc.noao.edu，查询名字段如图 3-11 所示。

图 3-11　查询名字段

② 查询类型。通常查询类型为 A（由名称获得 IP 地址）或 PTR（获得 IP 地址对应的域名），查询类型列表如表 3-6 所示。

表 3-6　DNS 报文查询类型

类　　型	助　记　符	说　　　　明
1	A	IPv4 地址
2	NS	名称服务器
5	CNAME	规范名称定义主机的正式名称的别名
6	SOA	开始授权标记一个区的开始
11	WKS	熟知服务定义主机提供的网络服务
12	PTR	指针把 IP 地址转化为域名
13	HINFO	主机信息给出主机使用的硬件和操作系统的表述
15	MX	邮件交换把邮件改变路由送到邮件服务器
28	AAAA	IPv6 地址
252	AXFR	传送整个区的请求
255	ANY	对所有记录的请求

NS 记录指定了名称服务器。一般情况下，每个 DNS 数据库中，针对每个顶级域都会有一条 NS 记录，这样一来，电子邮件就可以被发送到域名树中远处的部分。

③ 查询类。通常为 IN，指 Internet 数据。

（3）回答、权威、附加区域

回答区域包含了最初请求名称的资源记录，一个响应报文的回答区域可以包含多条资料记录 RR（因为一个主机名可以对应多个 IP 地址，冗余 Web 服务器）。权威区域包含了其他权威 DNS 服务器的记录。附加区域包含其他一些"有帮助"的记录，例如，对于一个 MX（邮件交换）请求的响应报文中，回答区域包含一条资料记录（该记录提供邮件服务器的规范主机名），附加区域可以包含一条类型 A 记录（该记录提供了该邮件服务器的规范主机名的 IP 地址）。

每条资料记录是一个五元组（域名，生存时间，类，类型，值），直接表示方法如图 3-12 所示。

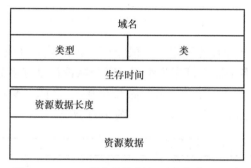

图 3-12　DNS 报文的资料记录直接表示方法

① 域名（2 字节或不定长）。记录中资源数据对应的名称，它的格式和查询名字段格式相同。当报文中域名重复出现时，就需要使用 2 字节的偏移指针来替换。例如，在资源记录中，域名通常是查询问题部分的域名的重复，就需要用指针指向查询问题部分的域名。关于指针怎么用，TCP/IP 详解中有，即 2 字节的指针，最前面的两个高位是 11，用于识别指针。其他 14 位从报文开始处计数（从 0 开始），指出该报文中的相应字节数。注意，DNS 报文的第一个字节是字节 0，第二个报文是字节 1。一般响应报文中，资源部分的域名都是指针 C00C（1100000000001100，12 正好是首部区域的长度），刚好指向请求部分的域名。

② 类型[记录的类型（见表 3-6）]。

③ 类。对于 Internet 信息，它总是 IN。

④ 生存时间。用于指示该记录的稳定程度，极为稳定的信息会被分配一个很大的值（如 86400，一天的秒数）。该字段表示资源记录的生命周期（以秒为单位），一般用于当地地址解析程序取出资源记录后决定保存及使用缓存数据的时间。

⑤ 资源数据长度（2 字节）。表示资源数据的长度（以字节为单位，如果资源数据为 IP，则为 0004）。

⑥ 资源数据。该字段是可变长字段，表示按查询段要求返回的相关资源记录的数据。

【实验目的】

掌握 DNS 的基本概念和工作原理，掌握 DNS 的协议。

【实验内容】

本实验主要利用 Wireshark、nslookup 和 ipconfig 工具捕捉分组，分析 DNS 协议及其工作流程。

【实验步骤】

在第 2 章中，已经熟悉了 nslookup 和 ipconfig 工具的使用方法，下面可以正式开始实验内容。首先通过下面的操作步骤捕获一些 DNS 包进行分析。

第 1 步：打开浏览器，清空浏览器缓存。

第 2 步：在主机中使用"ipconfig/flushdns"命令来清空 DNS 缓存，如图 3-13 所示。

图 3-13　清空 DNS 缓存

第 3 步：打开 Wireshark，在 Filter 中输入"ip.addr==×.×.×.×"（将×.×.×.×换成你当前的 IP 地址，输入区变成绿色表示输入的语法是正确的，不要有空格），这个过滤规则表示只显示以你的 IP 地址发出的或者别人发给你的 IP 分组。

第 4 步：在 Wireshark 中开始分组捕捉。

第 5 步：用浏览器打开网站"http://www.baidu.com"。

第 6 步：停止分组捕捉，在 Filter 中输入"DNS"，将过滤出 DNS 分组信息，如图 3-14 所示。

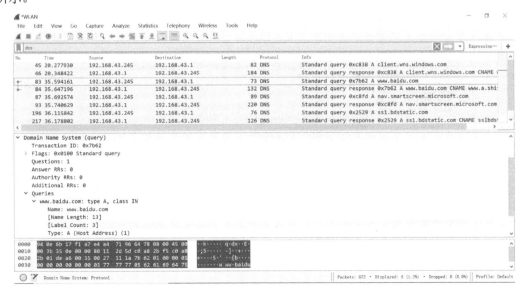

图 3-14　DNS 分组捕捉结果

前两个与本实验无关，只需要注意最后一对 DNS 查询和响应。

在此之前，可以从下层获得一些必要信息：UDP（User Datagram Protocol）报文中 DNS

的目的端口（Dst Port）是 53，UDP 层如图 3-15 所示；IPv4（Internet Protocol Version 4）报文中目的 IP 是 192.168.43.1（局域网路由器），IP 层如图 3-16 所示。

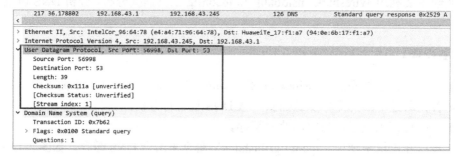

图 3-15　UDP 层

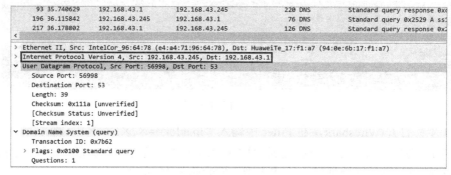

图 3-16　IP 层

由于 IP 报文在网络层进行路由选择，会依次送给路由器而不是直接送给 DNS 服务器，这一点十分容易理解。

第一个包是查询报文。

展开 DNS 数据，根据上述格式分析 DNS 的请求报文信息，如图 3-17 所示。

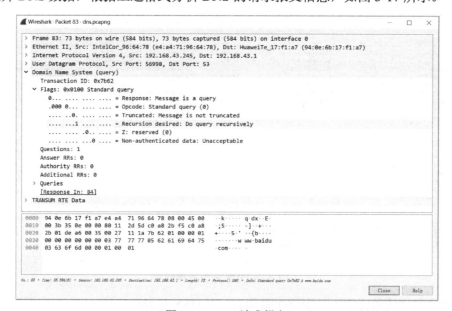

图 3-17　DNS 请求报文

① Transaction ID 为标识字段，2 字节，用于辨别 DNS 应答报文是哪个查询报文的响应，若两个包 Transaction ID 的值相同，表明是一对查询和响应报文。

② Flags 标志字段：Response=0 表示请求报文；Opcode=0000 表示查询的类型为标准；TC=0 表示包没有发送截断；RD=1 表示希望得到递归回答；zero 全 0 保留字段。

③ Quetions=1 表示问题数为 1。

④ Answer RRs 表示资源记录数，Authority RRs 表示授权资源记录数，Additional RRs 表示额外资源记录数。

⑤ Queries 为查询或响应的正文部分，分为 Name、Type 和 Class。Name（查询名称）：这里是 ping 后的参数，即 www.baidu.com；Type（查询类型）：这里是主机 A 记录；Class：IN 表示 Internet 数据，如图 3-18 所示。

```
✓ Queries
    ✓ www.baidu.com: type A, class IN
        Name: www.baidu.com
        [Name Length: 13]
        [Label Count: 3]
        Type: A (Host Address) (1)
        Class: IN (0x0001)
```

图 3-18　Queries 内容

DNS 响应报文如图 3-19 所示，展开如图 3-20 所示。

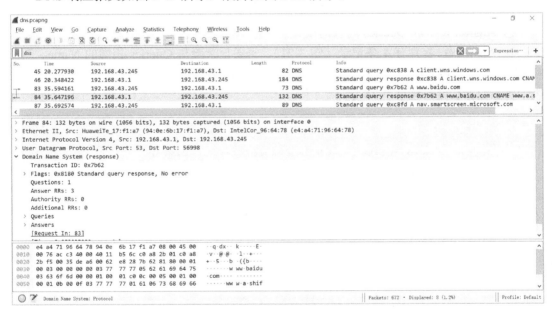

图 3-19　DNS 响应报文

① Transaction ID 为标识字段，2 字节，用于辨别 DNS 响应报文是哪个查询报文的响应，若两个包 Transaction ID 的值相同，表明是一对查询和响应报文。

② Flags 标志字段：Response=1 表示响应报文；Opcode=0000 表示查询的类型为标准；TC=0 表示包没有发送截断；RD=1 表示请求报文希望得到递归响应；RA=1 表示响应报文已得到递归响应；zero 全 0 保留字段。

③ Quetions=1 表示问题数为 1。

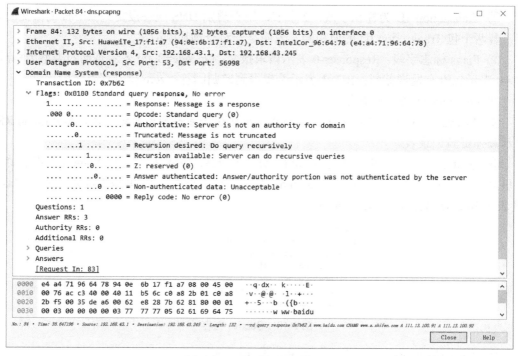

图 3-20　DNS 响应报文详情

④ Answer RRs 和 Queries 同查询报文。

⑤ Answers：看到有 4 条记录（图 3-21），每条记录除与 Queries 相同的 Name、Type 和 Class 之外，还有 Time to live：生存时间 TTL，表示该资源记录的生命周期；Data length：表示资源数据长度，这里是 15 字节。

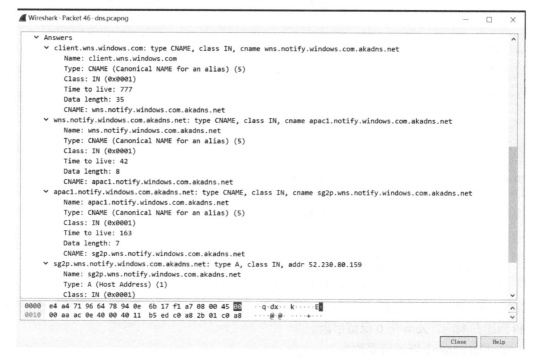

图 3-21　4 条记录

3.1.3　DHCP 协议分析

【原理描述】

1. 概述

DHCP 通常被应用在大型局域网络环境中，主要作用是集中管理和分配 IP 地址，使网络环境中的主机动态获得 IP 地址、Gateway 地址和 DNS 服务器地址等信息，并能够提升 IP 地址的使用率。DHCP 工作在 OSI 的应用层，它也有二层协议的部分，使用 UDP，客户端使用端口为 68，服务器端使用端口为 67。DHCP 采用客户端/服务器端模型，DHCP 客户端和 DHCP 服务器端之间通过收发 DHCP 消息进行通信。DHCP 客户端通常是普通的用户工作站，它通过 DHCP 服务器端获得网络配置参数。

2. 工作原理

DHCP 租约过程就是 DHCP 客户端动态获取 IP 地址的过程。为了从 DHCP 服务器端获得一个 IP 地址，在标准情况下，DHCP 客户端和 DHCP 服务器端之间进行 4 次通信，具体如图 3-22 所示。

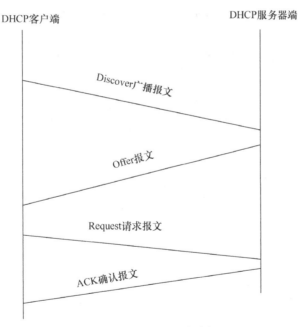

图 3-22　DHCP 租约过程

① DHCP Discover（发现）阶段：DHCP 客户端以广播方式（因为 DHCP 服务器端的 IP 地址对客户端来说是未知的）发送 DHCP Discover 报文来寻找 DHCP 服务器端，即向地址 255.255.255.255 发送特定的广播信息。网络上每一台安装了 TCP/IP 的主机都会接收到这种广播消息，但只有 DHCP 服务器端才会做出响应。

② DHCP Offer 阶段：在网络中接收到 DHCP Discover 报文的 DHCP 服务器端都会做出响应，它从尚未出租的 IP 地址中挑选一个分配给 DHCP 客户端，向 DHCP 客户端发送

一个包含出租的 IP 地址和其他设置的 DHCP Offer 报文。

③ DHCP Request 阶段：如果有多台 DHCP 服务器端向 DHCP 客户端发来 DHCP Offer 报文，则 DHCP 客户端只接受第一个收到的 DHCP Offer 报文，然后以广播的方式回答一个 DHCP Request 报文，该报文中包含向它所选定的 DHCP 服务器端请求 IP 地址的内容。之所以以广播的方式回答，是为了通知所有的 DHCP 服务器端，它将选择某台 DHCP 服务器端所提供的 IP 地址，并确认网络中没有其他客户端使用该 IP 地址。

④ DHCP ACK（NACK）阶段：当 DHCP 服务器端收到 DHCP 客户端回答的 DHCP Request 报文后，它便向 DHCP 客户端发送一个包含它提供的 IP 地址和其他设置的 DHCP ACK 报文，告诉 DHCP 客户端可以使用它所提供的 IP 地址，然后 DHCP 客户端便将其 TCP/IP 与网卡绑定。另外，除 DHCP 客户端选中的服务器端之外，其他 DHCP 服务器端都将收回曾提供的 IP 地址。

3. 报文格式

整个 DHCP 服务共有 8 种类型的 DHCP 报文，每种报文的格式相同，不同类型的报文只是报文中的某些字段取值不同。具体报文格式如图 3-23 所示。

0	8	16	24 31
OP（1）	HTYPE（1）	HLEN（1）	HOPS（跳数）1
XID（4）[Transaction ID]			
秒数（2）[Second]		标志（2）[Flag]	
客户端 IP 地址（4）[Ciaddr]			
服务器端分配给客户端的 IP 地址（4）[Yiaddr]			
服务器端 IP 地址（4）[Siaddr]			
中继代理 IP 地址（4）[Giaddr]			
客户端硬件地址（16 B）[Chaddr]			
服务器端的主机名（64 B）[Sname]			
启动文件名（128 B）[File]			
选项（可变长）[Option]			

图 3-23　DHCP 报文格式

各字段解释如下。

① OP：报文的操作类型，分为请求报文和响应报文，1 为请求报文，2 为响应报文。

② HTYPE：硬件地址类型，1 表示以太网的硬件地址。

③ HLEN：硬件地址长度，以太网中该值为 6。

④ HOPS：DHCP 报文经过的 DHCP 中继的数目。DHCP 请求报文每经过一个 DHCP 中继，该字段就会增加 1。

⑤ XID：事务 ID，由客户端选择的一个随机数，被服务器端和客户端用来在它们之间交流请求和响应，客户端用它对请求和应答进行匹配。该 ID 由客户端设置并由服务器端返回，为 32b 整数。

⑥ Second：DHCP 客户端开始 DHCP 请求后所经过的时间。目前没有使用，固定为 0。

⑦ Flag：第一个比特为广播响应标志位，用来标识 DHCP 服务器端响应报文是采用单播还是广播方式发送，0 表示采用单播方式，1 表示采用广播方式。其余比特保留不用。

⑧ Ciaddr：DHCP 客户端的 IP 地址。

⑨ Yiaddr：DHCP 服务器端分配给客户端的 IP 地址。

⑩ Siaddr：DHCP 客户端获取 IP 地址等信息的服务器端 IP 地址。

⑪ Giaddr：DHCP 客户端发出请求报文后经过的第一个 DHCP 中继的 IP 地址。

⑫ Chaddr：DHCP 客户端的硬件地址。

⑬ Sname：DHCP 客户端获取 IP 地址等信息的服务器端名称。

⑭ File：DHCP 服务器端为 DHCP 客户端指定的启动配置文件名称及路径信息。

⑮ Option：可选变长选项字段，包含报文的类型、有效租期、DNS 服务器端的 IP 地址。

【实验目的】

掌握 DHCP 协议的报文格式和工作原理。

【实验内容】

通过 Wireshark 捕捉分组分析 DHCP 的协议格式和工作流程。

【实验步骤】

在正式开始实验前，确认计算机是否已配置为"自动获取 IP 模式"。首先，打开网卡的 TCP/IP 协议属性，设置为"自动获得 IP 地址"，具体方法为：选择"控制面板"→"网络和 Internet 连接"→"网络连接"选项，在"本地连接"图标上右击，在弹出的菜单中选择"属性"选项，弹出如图 3-24 所示的"属性"对话框。然后选中"Internet 协议（TCP/IP）"复选框，单击"属性"按钮，在对话框中选择"自动获得 IP 地址"选项。

图 3-24　"属性"对话框

第 1 步：开启 Windows 命令窗口，如图 3-25 所示，输入"ipconfig /release"命令，释

放主机当前的 IP 地址，此时主机的 IP 地址就变成了 0.0.0.0。

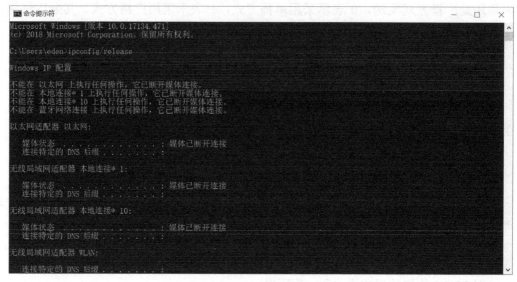

图 3-25　命令窗口——释放 IP 地址

第 2 步：开启 Wireshark 捕捉分组。

第 3 步：在 Windows 窗口输入"ipconfig /renew"命令，让主机获取网络配置，包括获取新的 IP 地址，如图 3-26 所示，主机获得的 IP 地址为 192.168.43.245。

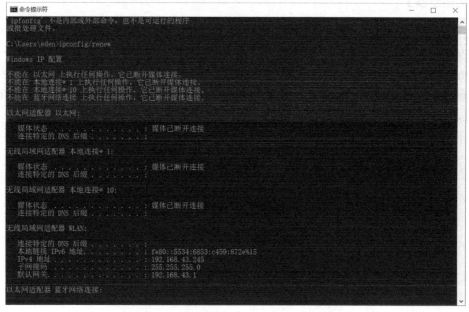

图 3-26　命令窗口——重新获取 IP 地址

第 4 步："ipconfig /renew"命令执行完毕后，再次输入"ipconfig /renew"命令。

第 5 步：第二个"ipconfig/renew"命令执行完毕后，输入"ipconfig /release"命令，释放前面操作分配的 IP 地址。

第 6 步：最后，再次输入"ipconfig /renew"命令，给你的主机分配 IP 地址。

第 7 步：停止分组捕捉，为了只显示 DHCP 分组，在 Filter 栏中输入"bootp"（DHCP 源自一个名为 BOOTP 的旧协议，两者都使用同样的端口号 67、68）。图 3-27 所示为过滤之后的结果。可以看到，第一个"ipconfig/renew"命令产生了 4 个 DHCP 分组：一个发现报文（Discover）、一个提供报文（Offer）、一个请求报文（Request）和一个 ACK 报文。

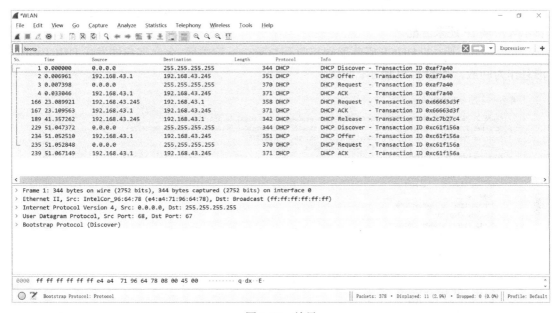

图 3-27　结果

第 8 步：协议分析，首先分析 Discover 消息。DHCP 客户端以广播的形式发送 Discover 消息请求 IP 租用，如图 3-28 所示。

图 3-28　客户端发送 Discover 消息

由图 3-27 可知，由于主机不知道 DHCP 服务器端的 IP 地址，因此它使用 0.0.0.0 作为源地址，使用 UDP68 端口作为源端口，使用 255.255.255.255 作为目标地址，使用 UDP67 作为目的端口来广播请求 IP 地址信息。其中：

① Bootstrap Protocol（Discover）：表示这是 Discover 阶段。

② Message type：表示报文的操作类型。"Boot Request（1）"表示该报文为请求报文。

③ Your（client）IP address：表示 DHCP 服务器端分配给客户端的 IP 地址。"0.0.0.0" 表示客户端 IP 还未分配。

第 9 步：范围内的 DHCP 服务器端接收到 Discover 请求后，会向客户端发出 DHCP Offer 消息作为回应，如图 3-29 所示。

图 3-29　服务器端发送 DHCP Offer 消息

在图 3-28 中，DHCP 服务器端使用自己的 IP 地址 192.168.43.1 作为源地址，使用 UDP67 端口作为源端口，使用 192.168.43.245 作为目标地址，使用 UDP68 端口作为目的端口来发送 Offer 消息。其中：

① Bootstrap Protocol（Offer）：表示这是 Offer 阶段。

② Message type：表示报文的操作类型。"Boot Reply（2）"表示该报文为响应报文。

③ Client IP address：表示客户端没有 IP。

④ Your （client）IP address：表示 DHCP 服务器端分配给客户端的 IP 地址。"192.168.43.245"表示服务器端给客户端分配的 IP 为 192.168.43.245。

第 10 步：主机的 DHCP 客户端会选择最先接收的 DHCP Offer 进行处理，并以广播的形式发送 DHCP Request 报文，该报文会加入对应的 DHCP 服务器端的地址及所需要的 IP，如图 3-29 所示。

由图 3-30 可知，客户端仍然使用 0.0.0.0 的地址作为源地址，使用 UDP 68 端口作为源端口，使用 255.255.255.255 作为目标地址，使用 UDP 67 端口作为目的端口来广播 Request 消息。

图 3-30　客户端发送 DHCP Request 报文

① Bootstrap Protocol（Request）：表示这是 Request 阶段。

② Message type：表示报文的操作类型。"Boot Request（1）"表示该报文为请求报文。

③ Client IP address：表示客户端没有 IP。

④ Your（client）IP address：表示 DHCP 服务器端分配给客户端的 IP 地址。"0.0.0.0"表示客户端 IP 还未分配。

第 11 步：DHCP 服务器端收到 Request 报文后，会判断报文中的服务器端 IP 是否与自己相同。如果不同，不做任何处理，只清除相应的 IP 分配记录；如果相同，服务器端会向客户端发送 ACK 报文，确认可以使用，并且附上相应的租期，如图 3-31 所示。

图 3-31　服务器端发送 ACK 报文

服务器端仍然使用自己的 IP 地址作为源地址，使用 UDP67 端口作为源端口，使用 192.168.43.245 作为目标地址，使用 UDP68 端口作为目的端口来发送 ACK 报文。

① Bootstrap Protocol（ACK）：表示这是 ACK 阶段。

② Message type：表示报文的操作类型。"Boot Reply（2）"表示该报文为响应报文。

③ Your（client） IP address：表示 DHCP 服务器端分配给客户端的 IP 地址。"192.168.43.245"表示服务器端分配给客户端的 IP 地址为 192.168.43.245。

3.2　传输层协议分析

3.2.1　UDP 协议分析

【原理描述】

1. 概述

UDP 是 OSI 参考模型中的一种传输层协议，它提供的是无连接、不可靠的数据传送方式，UDP 是一种尽力而为的数据交付服务。它有如下特点。

① UDP 传送数据前并不与对方建立连接，即 UDP 是无连接的。

② UDP 不对收到的数据进行排序，在 UDP 报文的首部中并没有关于数据顺序的信息（如 TCP 所采用的序号），而且报文不一定按顺序到达，所以接收端无从排起。

③ UDP 对接收到的数据报不发送确认信号，发送端不知道数据是否被正确接收，也不会重发数据。

④ UDP 传送数据较 TCP 快速，系统开销也少。

2. 报文

UDP 报文由 4 个域组成，其中每个域各占用 2 字节，如表 3-7 所示。

表 3-7　UDP 报文格式

源端口（16b）	目的端口（16b）
UDP 报文长度（16b）	UDP 校验和（16b）
数据（如果有）	

① 源端口：占 2 字节，发送方端口号。

② 目的端口：占 2 字节，接收方端口号。

③ UDP 报文长度：占 2 字节，UDP 用户数据报的总长度，以字节为单位。

④ UDP 校验和：占 2 字节，检验 UDP 用户数据报在传输中是否有错，有错就丢弃。

3. UDP 和 TCP 的区别

① TCP 是面向连接的传输控制协议，而 UDP 提供了无连接的数据报服务。

② TCP 具有高可靠性，确保传输数据的正确性，不出现丢失或乱序；UDP 在传输数据前不建立连接，不对数据报进行检查与修改，无须等待对方的应答，所以会出现分组丢失、重复、乱序的情况。

③ UDP 段结构比 TCP 段结构简单，因此网络开销也小。

【实验目的】

① 掌握传输层 UDP 的工作原理。
② 掌握 UDP 报文首部格式和各字段的作用。

【实验内容】

由于 DNS 服务是通过 UDP 发送的，因此本实验使用"nslookup"命令向指定 DNS 服务器端发送一个 DNS 查询，并利用 Wireshark 捕捉分组分析 UDP 报文段各字段的意义。

【实验步骤】

第 1 步：打开 CMD 命令窗口，用"ipcongfig /flushdns"命令清除所有 DNS 记录。
打开 Wireshark 开始分组捕捉。
第 2 步：打开 CMD 命令窗口，输入"nslookup www.baidu.com"命令，如图 3-32 所示。

图 3-32　nslookup 命令

第 3 步：停止分组捕捉，在 Filter 中输入 DNS，将过滤出 DNS 分组信息。
展开 DNS 之下的 UDP 协议行，如图 3-33 所示。
① Source Port 和 Destination Port：表示源端口号和目的端口号。
② Length：表示报文段长度，是 UDP 报文段包括数据在内的报文长度。
③ Checksum：表示校验和，用来对 UDP 报文段数据做校验，在接收端进行对比，如果没有错误就接收，有错误则丢弃。

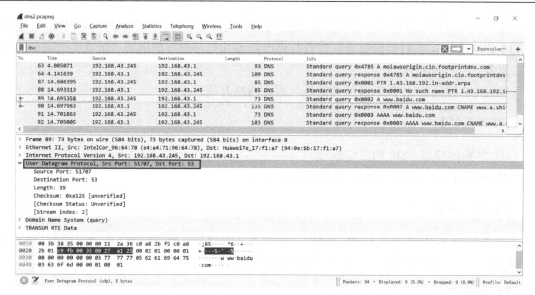

图 3-33　展开 DNS 下的 UDP 协议行

3.2.2　TCP 协议分析

【原理描述】

1. 概述

TCP 是一种面向连接的、可靠的、基于字节流的传输层通信协议。TCP 的基本特点如下。

（1）面向连接

双方必须先建立连接才能进行数据的传送，都必须为该连接分配必要的内核资源，以维护连接的状态和连接上的传输。TCP 连接是全双工的，双方数据传输可以通过一个连接进行，完成数据交换后，双方必须断开连接，以释放系统资源。

（2）可靠传输

① TCP 采用确认机制，TCP 发送的每个报文段都必须得到接收方的确认才能确定此TCP 报文段传输成功。

② 超时重传，发送端发出一个报文段之后就启动定时器，如果在设定时间内没有收到接收端的应答，就重新发送该报文段。

③ TCP 报文段最终是以 IP 数据报发送的。IP 数据报到达接收端可能乱序、重复，TCP对接收到的 TCP 报文段重排整理后再交给应用程序。

（3）基于字节流

应用层发送的数据会在 TCP 的发送端缓存起来，统一分片（如一个应用层的数据报分成两个 TCP 报文段）或打包（如两个或多个应用层的数据报打包成一个 TCP 数据报）发送，接收端直接按照字节流将数据传递给应用层。

2. TCP 报文段格式

TCP 报文段格式如表 3-8 所示，报文头部主要字段介绍如下。

表 3-8　TCP 报文段格式

16b 源端口							16b 目的端口
32b 序列号							
32b 确认序号							
4b 首部长度	保留（6b）	URG　ACK　PSH　RST　SYN　FIN					16b 窗口大小
16b 校验和							16b 紧急指针
选项							
数据							

① 源端口：占 2 字节，表示发送方端口号。

② 目的端口：占 2 字节，表示接收方端口号。

③ 序列号：占 4 字节，TCP 连接传送的数据流中的每一个字节都被编上一个序号。首部中序号字段的值指的是本报文段所发送数据的第一个字节的序号。

④ 确认序号：包含发送确认的一端所期望接收到的下一个序号。因此，确认序号应该是上次已成功接收到的数据字节序列号加 1。

⑤ 首部长度：TCP 报文段首部的长度。

⑥ 保留：占 6b，保留为今后使用。

⑦ URG：紧急指针有效标识，当 URG=1 时，表明紧急指针有效。它告诉系统报文段中有紧急数据，应该尽快传送。

⑧ ACK：确认指针有效标识，ACK=1 时，确认序号字段才有效，ACK=0 时，确认序号字段无效。

⑨ PSH：接收方在接收到 PSH=1 的报文段时会尽快将其交付给接收应用进程，而不是等到整个接收缓存都填满后再交付。

⑩ SYN：在连接建立时用来同步序号。当 SYN=1 而 ACK=0 时，表明这是一个连接请求报文段。对方若同意建立连接，应在响应的报文段中使 SYN=1、ACK=1。因此，SYN=1 表示这是一个连接请求或连接接收报文。

⑪ FIN：当 FIN=1 时，表明此报文段发送端的数据已发送完毕，并要求释放传输连接。

⑫ 窗口大小：占 2 字节，用来控制对方发送的数据量，单位是字节，指明对方发送窗口的上限。

⑬ 校验和：占 2 字节，校验的范围包括首部和数据两个部分，计算校验和时需要在报文段加上 12 字节的伪首部。

⑭ 紧急指针：占 2 字节，指出本报文段中紧急数据最后一个字节的序号。只有当 URG=1 时，紧急指针才有效。

⑮ 选项：长度可变。TCP 只规定了一种选项，即最大报文段长度 MSS（Maximum Segment Size）。

3. 建立连接的原理

TCP 提供可靠的连接服务，采用 3 次握手建立一个连接，其流程如图 3-34 所示。

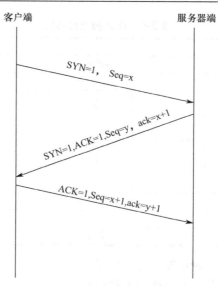

图 3-34　TCP 3 次握手流程

① 第一次握手：客户端发送一个 SYN 报文段（SYN=1，Seq=x）到服务器端，等待服务器端确认。

② 第二次握手：服务器端收到 SYN 报文段后，向客户端发送 SYN+ACK 报文段（SYN=1，ACK=1，Seq=y，ack=x+1）。

③ 第三次握手：客户端收到服务器端的 SYN+ACK 报文段后，再次发送 ACK 报文段（ACK=1，Seq=x+1，ack=y+1）。此包发送完毕，完成 3 次握手，客户端与服务器端开始传送数据。

4．释放连接的原理

TCP 连接的释放需要发送 4 个报文段，因此称为 4 次挥手。客户端或服务器端均可发起挥手动作。首先进行关闭的一方执行主动关闭，而另一方执行被动关闭。4 次挥手的流程如图 3-35 所示。

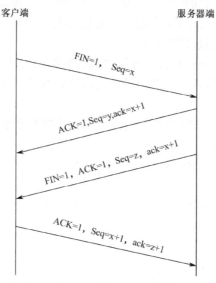

图 3-35　TCP 4 次挥手流程

① 客户端发送一个 FIN 报文段（FIN=1，Seq=x），用来关闭数据传送。

② 服务器端收到这个 FIN 报文段后（ACK=1，Seq=y，ack=x+1），发回一个 ACK 报文段。

③ 服务器端发送一个 FIN+ACK（FIN=1，ACK=1，Seq=z，ack=x+1）报文段，关闭连接。

④ 客户端发送一个 ACK（ACK=1，Seq=x+1，ack=z+1）报文段确认。

【实验目的】

① 掌握传输层 TCP 的工作原理。

② 掌握 TCP 报文段首部格式和各字段的作用。

【实验内容】

① 使用 Wireshark 抓取 TCP 数据报文段。

② 分析捕获到的 TCP 报文段数据，学习 TCP 报头的字段信息。

【实验步骤】

在开始对 TCP 进行研究之前，需要从你的主机向远端服务器端传输一个文件，并用 Wireshark 捕获整个过程的全部 TCP 报文段。首先，你要访问一个网页，下载并保存《艾丽丝漫游仙境》的文本文件，然后用 HTTP POST 方法将该文件传送到一个 Web 服务器。使用 POST 方法而非 GET 方法是因为要从你的主机传输数据到另一个主机。当然，将运行 Wireshark 跟踪整个通信过程。

请按以下步骤操作。

第 1 步：打开你的浏览器。输入"http://gaia.cs.umass.edu/wireshark-labs/alice.txt"，你将会获得《艾丽丝漫游仙境》的 ASCII 文件，请将该文件保存到你的计算机中。

第 2 步：接下来打开网页"http://gaia.cs.umass.edu/Wireshark-labs/TCP-wireshark-file1.html"，你将看到类似如图 3-36 所示的分组捕捉结果窗口。

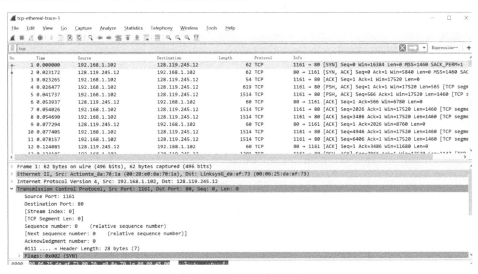

图 3-36　分组捕捉结果

如果你的计算机无法访问互联网，你可以下载作者执行上述步骤而保存的数据文件来完成实验。

如图 3-37 所示，一个分组捕捉的数据详情中主要包含 4 层，依次为：Frame 表示物理层数据帧概况；Ethernet II 表示数据链路层以太网帧头部信息；Internet Protocol Version 4 表示互联网 IP 数据报头信息；Transmission Control Protocol 表示传输控制协议。

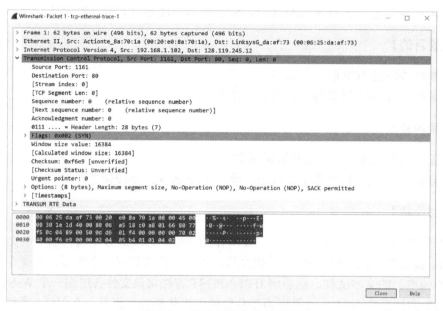

图 3-37　分组捕捉的数据详情

① Source Port 和 Destination Port：表示源端口和目的端口，这两个值加上 IP 报头中的源主机 IP 地址和目的主机 IP 地址确定唯一一个 TCP 连接。本实验中源端口是 1161，而目的端口为 80。

② Sequence number 和 Acknowledgment number：表示序列号和确认序号，序列号表示在发送报文段中的第一个数据字节的序列号。确认序号是上次接收端已成功接收到的数据字节序列号加 1。只有 ACK 标志为 1 时确认序号字段才有效。本实验中序列号和确认序号均为 0。

③ Header Length：表示报头长度，本实验报头长度为 28B。

④ Reserved：表示保留位，目前必须设置为 0。

⑤ Flags：表示标志位（图 3-38）。在 TCP 报头中有 6 个标志比特：URG、ACK、PSH、RST、SYN 和 FIN。本实验中 SYN 被设置为 1，表示一个网站发起连接的请求标志。

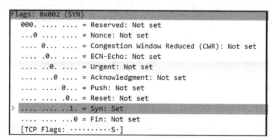

图 3-38　Flags 表示标志位

⑥ Windows size：表示窗口大小。

⑦ Checksum：表示校验和，此校验和是对整个 TCP 报文段，包括 TCP 头部和 TCP 数据，以 16 位进行计算所得。

⑧ Urgent pointer：表示紧急指针，只有当 URG 标志位为 1 时紧急指针才有效。

⑨ Options：表示选项，最常见的可选字段是最长报文大小，又称为 MSS。

第 3 步：分析 TCP 建立连接的报文（三次握手）。

① 查看第一次握手数据，如图 3-39 所示。

图 3-39　第一次握手数据

由图 3-38 可知，第一次握手时，客户端向服务器端发送连接请求包，标志位 SYN（同步序号）设置为 1，序号 x=0。

② 查看第二次握手数据，如图 3-40 所示。

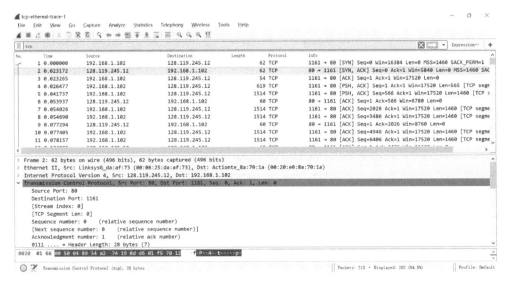

图 3-40　第二次握手数据

第二次握手数据详情，如图 3-41 所示。

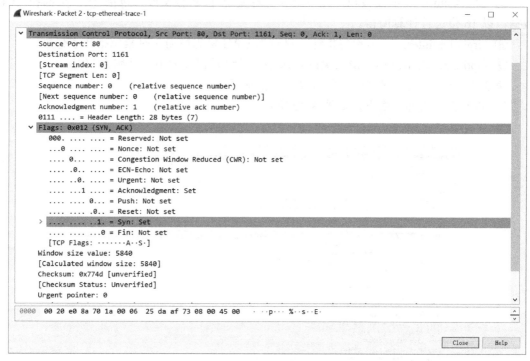

图 3-41　第二次握手数据

由图 3-40 可知，第二次握手时，服务器端收到客户端发来的报文，由 SYN=1 可知客户端要求建立连接。服务端向客户端发送一个 SYN 和 ACK 都为 1 的 TCP 报文段，设置初始序号 y=0，将确认序号（Acknowledgment number）设置为客户的序列号加 1，即 x+1=0+1=1。

③ 查看第三次握手数据，如图 3-42 所示。

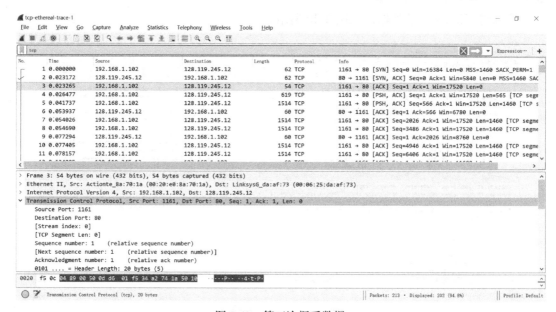

图 3-42　第三次握手数据

第三次握手数据详情如图 3-43 所示。

图 3-43　第三次握手数据

由图 3-43 可知，第三次握手时，客户端收到服务器端发来的包后检查确认序号是否正确，即第一次发送的序号加 1（x+1=1），以及标志位 SYN 是否为 1（表明服务端请求建立连接）。若正确，客户端发送确认包，ACK 标志位为 1，确认序号为 y+1=0+1=1，发送序号为 x+1=1。服务器端收到后检查确认序号与标志位（ACK=1），若无误则连接建立成功，可以传送数据。

由客户端向 gaia.cs.umass.edu 上传的文档很长，这是因为生成该文件的计算机使用的以太网卡限制 IP 分组的最大长度为 1500 字节，去掉 40 字节的 TCP/IP 首部之后，TCP 报文段的净荷最大为 1460 字节。1500 字节是以太网能容许的 MTU（最大传输单元）长度。如果你的计算机使用以太网连接，但是捕捉到 TCP 报文段长度超过了 1500 字节，Wireshark 将报告错误的 TCP 报文段长度并显示一个大 TCP 报文段和多个 ACK 报文段。实际上，网卡把大的 TCP 报文段拆分成了几个小报文段发送出去，这从 Wireshark 捕捉到的多个 ACK 可以反映出来。出现这种情况与网卡的驱动及 Wireshark 的显示有关，此时建议采用我们提供的数据文件完成实验。

④ 报文发送与接收确认分析，如图 3-44 所示。

第 4 条记录为包含 HTTP POST 命令的 TCP 报文段（在 Wireshark 窗口底部的"分组内容"栏中分析每个 TCP 报文段的数据域，其中第 4 条记录包含有"POST"ASCII 字符串），即客户端向 gaia.cs.umass.edu 发送的第一个 TCP 报文段；第 5 条记录为客户端向 gaia.cs.umass.edu 发送的第二个 TCP 报文段。由图 3-43 可以看出，第 6 条记录的 ACK=566，所以此条记录为 gaia.cs.umass.edu 对第 4 条记录的确认。第 7 条、第 8 条记录分别为客户端发送的第三个和第四个 TCP 报文段。第 9 条记录为 gaia.cs.umass.edu 对第 5 条记录的确认。

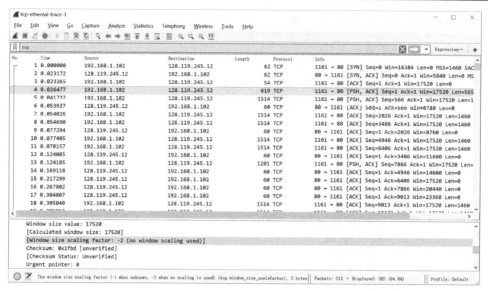

图 3-44 报文发送和接收确认分析

3.3 网络层协议分析

3.3.1 IP 协议分析

【原理描述】

1. 概述

IP 又称为互联网协议，是支持网间互联的数据报协议，它与 TCP（传输控制协议）一起构成了 TCP/IP 族的核心。IP 的主要功能是在相互连接的网络之间传递 IP 数据报，其中包括两个部分。

① 寻找与路由：首先用 IP 地址标识 Internet 的主机，在每个 IP 数据报中，都会携带源 IP 地址和目标 IP 地址来标识该 IP 数据报的源主机和目的主机。IP 可以根据路由选择协议提供的路由信息对 IP 数据报进行转发，直至抵达目的主机后进行 IP 地址和 MAC 地址的匹配，数据链层使用 MAC 地址来发送数据帧，因此在实际发送 IP 报文时，还需要进行 IP 地址和 MAC 地址的匹配，由 TCP/IP 族中的 ARP 来完成。

② 分段与重组：IP 数据报通过不同类型的通信网络传输，IP 数据报的大小会受到这些网络所规定的 MTU（最大传输单元）的限制，需要将 IP 数据报拆分成一个个能够适合下层技术传输的小数据报，被分段后的 IP 数据报可以独立地在网络中进行转发，在到达目的主机后被重组，恢复成原来的 IP 数据报。

2. 报文格式

TCP/IP 定义了一个在互联网上传输的包，称为 IP 数据报。IP 数据报（IP Datagram）是一个比较抽象的内容，是对数据报结构的分析。IP 数据报由首部和数据两部分组成，其格式如表 3-9 所示。

表 3-9　IP 数据报格式

版本	首部长度	服务类型	总长度	
标识			标志	片偏移
生存时间		协议	首部检验和	
源地址				
目的地址				
可选字段（长度可变）				填充
数据部分				

首部包含固定部分和可变部分，前者是固定长度，共 20 字节，是所有 IP 数据报必须具有的，后者是一些可选字段，其长度是可变的。其中，IP 首部的固定部分各字段解释如下。

① 版本：占 4 比特，指 IP 的版本。通信双方使用的版本必须一致。广泛使用的 IP 版本号为 4，即 IPv4。

② 首部长度：占 4 比特，可表示的最大数值是 15 个单位（一个单位为 4 字节），因此 IP 的首部长度最大值为 60 字节。

③ 服务类型：占 8 比特，用来获得更好的服务。

④ 总长度：指首部和数据之和的长度，单位为字节。总长度字段为 16 比特，因此数据报的最大长度为 $2^{16}-1=65535$ 字节。总长度一定不能超过数据链路层的 MTU 值。

⑤ 标识（Identification）：占 16 比特。存储器中维持一个计数器，每产生一个数据报，计数器就加 1，并将此值赋值给标志字段。

⑥ 标志（Flag）：占 3 比特，但只有 2 比特有意义。标志字段中的最低位记为 MF（More Framement）。MF=1 表示后面"还有分片"的数据报，MF=0 表示这已是若干数据报中的最后一个。标志字段中间的 DF（Don't Fragement）表示"不能分片"。只有当 DF=0 时，才允许分片。

⑦ 片偏移：占 13 比特。片偏移指较长的分组在分片后，某片在原分组中的相对位置。片偏移以 8 字节为偏移单位。

⑧ 生存时间（Time to Live，TTL）：占 8 比特，表示数据报在网络中可经过的最多路由数，即数据报在网络中可通过的路由器数的最大值。每经过一个路由器时，就把 TTL 值减 1，当 TTL 值为 0 时，就丢弃这个数据报。

⑨ 协议：占 8 比特，协议字段指数据报携带的数据使用哪种协议，以便使目的主机的 IP 层知道应将数据部分交给哪个处理过程。

⑩ 首部检验和：占 16 比特。该字段只检验数据报的首部，不包括数据部分。数据报每经过一个路由器，路由器都要重新计算首部检验和，接收方收到数据报后经过计算判断该数据报是否出差错，若出差错则丢弃。

⑪ 源地址：占 32 比特。

⑫ 目的地址：占 32 比特。

【实验目的】

掌握 IP 协议的报文格式。

【实验内容】

通过 Wireshark 捕捉分组，分析 IP 协议。

【实验步骤】

第 1 步：打开 Wireshark，开始分组捕捉。

第 2 步：打开命令窗口，执行"ping www.baidu.com"命令。

第 3 步：查看 Wireshark 分组捕捉页面。

第 4 步：在 Wireshark 页面单击"Stop Capturing Packets"按钮停止分组捕捉，捕捉的信息如图 3-45 所示。

第 5 步：在过滤框中输入"icmp"，过滤出 IP，如图 3-45 所示。

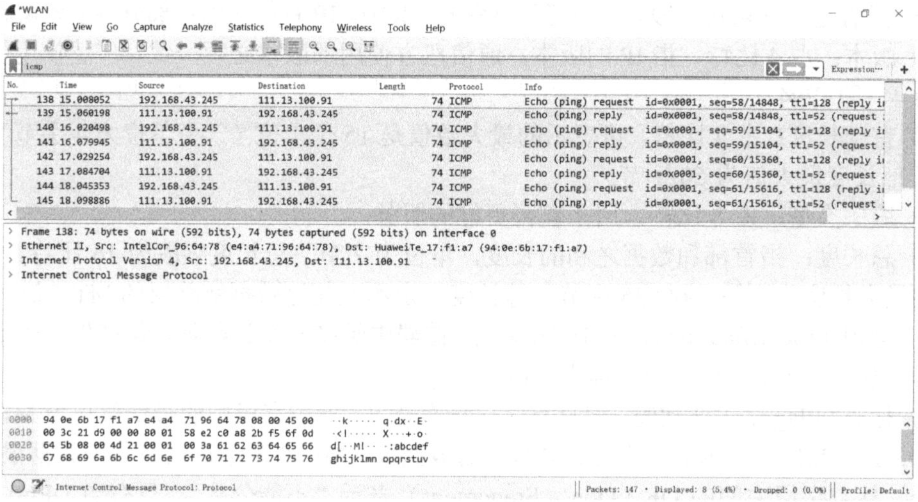

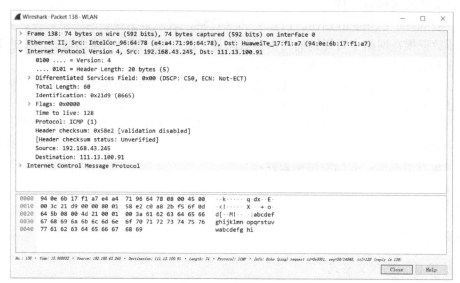

图 3-45　过滤 IP

第 6 步：查看 IP 数据报详情，分析 IP 数据报的首部，其详情如图 3-46 所示。

图 3-46　IP 数据报详情

① Version：表示版本。值为 4 表示报文使用 IPv4 作为协议版本号，值为 6 表示报文使用 IPv6 作为协议版本号。

② Header Length：表示首部长度。

③ Total Length：表示首部和数据部分的总长度。

④ Identification：表示标识。

⑤ Flags：表示标志，数据报中标志字段的最低位为 0，表示这已是若干数据报片中的最后一个，中间位为 0，表示能分片。

⑥ Time to live：表明数据报在因特网中至多可经过 163 个路由器。

⑦ Protocol：表示协议，本协议为 ICMP。

⑧ Headr checksum：表示首部校验和。

⑨ Source：表示源地址。

⑩ Destination：表示目的地址。

3.3.2 ARP 协议分析

【原理描述】

1. 概述

ARP 是根据 IP 地址获取物理地址的一个协议，因特网的工作分为 5 层，IP 地址在第三层，MAC 地址在第二层，彼此不直接打交道，协议在发出数据报时，首先要封装第三层（IP 地址）和第二层（MAC 地址）的报头，但协议只知道目的节点的 IP 地址，不知道其物理地址，又不能跨第二、三层，因此 ARP 服务不可或缺。主机发送信息时将包含目标地址的 ARP 请求广播到网络上的所有主机，并接收返回消息，以此确定目标的物理地址。主机收到返回消息后将该 IP 地址和物理地址存入本机 ARP 缓存中并保留一定时间，下次请求时直接查询 ARP 缓存以节约资源。ARP 缓存是用来存储 IP 地址和 MAC 地址的缓冲区，其本质就是一个 IP 地址和 MAC 地址的对应表，表中每一个条目分别记录了网络上其他主机的 IP 地址和对应的 MAC 地址。每一个以太网或令牌环网络适配器都有自己单独的表，当地址解析协议被询问一个已知 IP 地址节点的 MAC 地址时，先在 ARP 缓存中查看，如果存在，就直接返回与之对应的 MAC 地址；如果不存在，就发送 ARP 请求向局域网查询。ARP 缓存中包含一个或多个表，它们用于存储 IP 地址及其经过解析的 MAC 地址。

2. 报文结构

ARP 分组被封装在以太网头部中传输，ARP 请求协议报文格式如图 3-47 所示。

① 以太网目标地址：表示以太网目的地址，是广播类型的 MAC 地址，其目标是网络上的所有主机。

② 以太网源地址：表示源 MAC 地址，即请求地址解析的主机 MAC 地址。

③ 帧类型：用来表明上层协议的类型，若是 ARP，则帧类型为 0x0806。

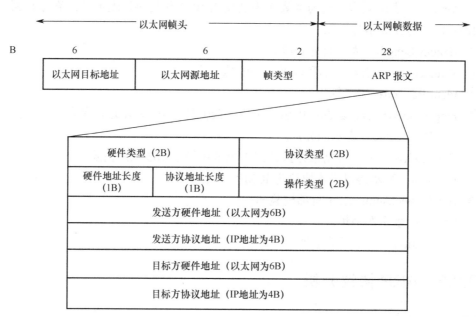

图 3-47 ARP 请求协议报文格式

④ 硬件类型：表示硬件地址的类型，长度为 2B，若是以太网，则硬件类型为 0x0001。

⑤ 协议类型：表示要映射的协议地址类型，长度为 2B，若是 IP，则协议类型为 0x0800。

⑥ 硬件地址长度：表示 MAC 地址的长度，长度为 1B。

⑦ 协议地址长度：表示 IP 地址的长度，长度为 1B。

⑧ 操作类型：表示 ARP 数据报类型，长度为 2B，0 表示 ARP 请求数据报，1 表示 ARP 应答数据报。

⑨ 发送方硬件地址：表示发送端 MAC 地址，长度为 6B。

⑩ 发送方协议地址：表示发送端 IP 地址，长度为 4B。

⑪ 目标方硬件地址：表示目的端 MAC 地址，长度为 6B。

⑫ 目标方协议地址：表示目的端 IP 地址，长度为 4B。

3. ARP 命令

ARP 命令用于查询本机 ARP 缓存中 IP 地址和 MAC 地址的对应关系，添加或删除静态对应关系等，ARP 命令的格式和参数解释如下。

① 命令格式：arp[选项][参数]。

② 命令参数如表 3-10 所示。

表 3-10 ARP 命令参数

参　　数	含　　义
-a<主机>	显示 ARP 缓冲区的所有条目
-H<地址类型>	指定 ARP 指令使用的地址类型
-d<主机>	从 ARP 缓冲区中删除指定主机的 ARP 条目
-D	使用指定接口的硬件地址

（续表）

参　　　数	含　　　义
-e	以 Linux 的显示风格显示 ARP 缓冲区的条目
-i<接口>	指定要操作 ARP 缓冲区的网络接口
-s<主机><MAC 地址>	设置指定主机的 IP 地址与 MAC 地址的静态映射
-n	以数字方式显示 ARP 缓冲区中的条目
-v	显示详细的 ARP 缓冲区条目，包括缓冲区的统计信息
-f<文件>	设置主机的 IP 地址与 MAC 地址的静态映射

【实验目的】

① 了解 ARP（地址解释协议）的基本概念和作用。
② 掌握 ARP 分组格式。

【实验内容】

使用 Wireshark 捕捉并分析 ARP 数据报。

【实验步骤】

曾经讲过 ARP 协议一般会在你的主机上维持一个本地缓存，保存 IP 地址与以太网地址的映射表。在 Windows 命令窗口中输入"arp"命令可以查看和修改这个缓存的内容。

先简单查看 ARP 缓存表中的信息，执行以下操作。

第 1 步：打开 Windows 命令窗口。

第 2 步：输入"arp –a"命令，并按 Enter 键。

如果有多个网卡，那么使用"arp –a"加上接口的 IP 地址，就可以只显示与该接口相关的 ARP 缓存表项。

接下来，看看 ARP 协议的报文交互过程。为此，首先需要清空 ARP 缓存，否则主机可能直接查 ARP 表获得 MAC 地址而不发出 ARP 分组了。清空 ARP 缓存可以使用"arp –d *"命令，命令中"–d"表示删除操作，通配符"*"表示全部。当然，也可以逐条删除 ARP 表项，用"arp/?"命令可以获得具体的命令参数帮助。

按以下步骤操作。

第 1 步：在 Windows 命令窗口中输入"arp –d *"命令，清空 ARP 缓存。

第 2 步：打开浏览器，并清空浏览器的缓存。

第 3 步：开启 Wireshark，开始捕捉分组。

第 4 步：用浏览器打开 http://www.nuaa.edu.cn（南京航空航天大学的网址）。

第 5 步：停止 Wireshark 分组捕捉。

第 6 步：由于不关心 IP 及更高层协议，因此还要修改 Wireshark 的分组捕捉信息窗口以使它只显示 IP 以下协议的信息。选择"Analyze=>Enabled Protocols"选项，然后取消选中 IP 复选框并单击"OK"按钮。现在将看到类似如图 3-48 所示的窗口。

ARP 数据报详情如图 3-49 所示。

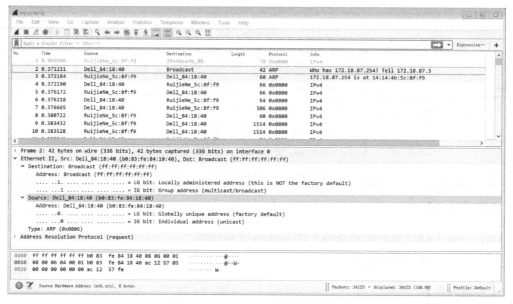

图 3-48　Wireshark 分组捕捉信息

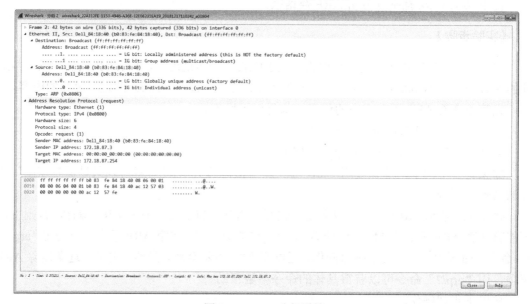

图 3-49　ARP 分组详情

从抓取的 ARP 分组可以看到 ARP 分组直接封装在以太网中，下面结合抓取的分组详情查看 ARP 分组各字段的具体内容。

① Destination：表示以太网目的地址，发送 ARP 请求时，目的 MAC 地址为全 F 的广播报文，全网下的所有终端都能接收到。

② Source：表示以太网源地址，即源主机的硬件地址，在 ARP 请求报文中该地址为发出 ARP 请求的主机的 MAC 地址。

③ Type：帧类型，表示后面数据的类型。对于 ARP 请求或应答来说，该字段的值为 0x0806。

④ Hardware type：表示硬件类型，对于以太网，该类型的值为 "1"。

⑤ Protocol type：表示发送方要映射的协议地址类型，对于 IP 地址，该值为 0x0800。

⑥ Hardware size：表示硬件地址长度，对于 ARP 请求或应答来说，该值为 6。

⑦ Protocol size：表示协议地址长度。

⑧ Opcode：表示操作代码，值为 1 表示 ARP 请求报文，值为 2 表示 ARP 应答报文，值为 3 表示 RARP 请求报文，值为 4 表示 RARP 应答报文。

⑨ Sender MAC address：表示发送者硬件地址，该字段和 ARP 分组首部的源以太网地址字段是重复信息。

⑩ Sender IP address：表示发送者 IP 地址，在 ARP 请求报文中该地址为请求主机的 IP 地址。

⑪ Target Mac address：表示目标硬件地址，即接收方的以太网地址。发送 ARP 请求时，该处填充值为 00.00.00.00.00.00。

⑫ Target IP address：目标 IP 地址，即接收方的 IP 地址，在 ARP 请求报文中该地址为被查询的主机 IP 地址。

习　题

一、单选题

1. 请根据图 3-50 所示的 Wireshark 分组捕获 HTTP 协议的结果，对下列题目做出正确选择。

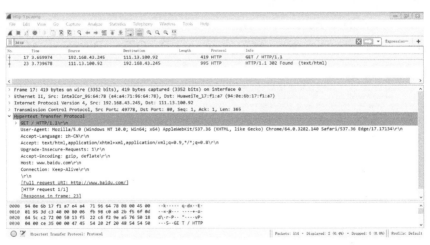

图 3-50　习题图 1

（1）接收请求的服务器端网址是（　　）。

A．www.baidu.com　　　B．www.sina.com.cn　　　C．www.163.com　　　D．www.so.com

（2）客户端接收的信息类型是（　　）。

A．image/gif　　　　　　B．image/x-xbit　　　　　C．text/html

2. 请根据图 3-51 所示的 Wireshark 分组捕获 DNS 协议的结果，对下列题目做出正确选择。

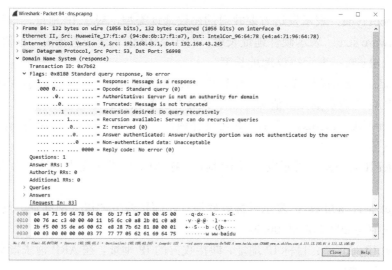

图 3-51　习题图 2

（1）此报文是 DNS（　　）报文。

A．查询　　　　　　　B．响应

（2）此报文的查询方式是（　　）。

A．迭代查询　　　　　B．递归查询

3．请根据图 3-52 所示的 Wireshark 分组捕获 DHCP 协议的结果，对下列题目做出正确选择。

（1）DHCP 协议的 4 个分组的顺序是（　　）。

A．Discover、Offer、Request、ACK　　　　　B．Offer、Discover、Request、ACK

C．Offer、Request、Discover、ACK　　　　　D．Offer、Discover、ACK、Request

图 3-52　习题图 3

（2）根据图 3-52 中的结果分析，此报文是 DHCP 协议的（　　）报文。

A．Reques　　　　　B．Discover　　　　　C．ACK　　　　　D．Discover

（3）DHCP 分配给客户端的 IP 地址是（　　　）。

A．192.168.43.1　　　　　B．192.168.43.254　　　　C．0.0.0.0　　　　D．192.168.43.3

4．请根据图 3-53 所示的 Wireshark 分组捕获 TCP 协议的结果，对下列题目做出正确选择。

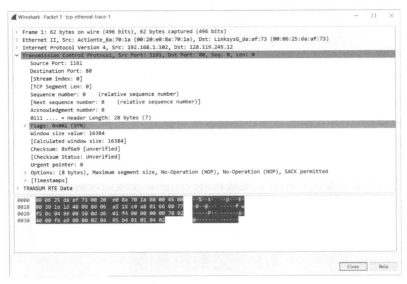

图 3-53　习题图 4

（1）由图 3-52 可知，目的端口号和源端口号分别是（　　　）。

A．目的端口号是 1161、源端口号是 80　　　　B．目的端口号是 80、源端口号是 81

C．目的端口号是 62、源端口号是 73　　　　D．目的端口号是 73、源端口号是 62

（2）由图 3-54 可知，这是 TCP 第（　　　）次握手的数据。

A．1　　　　　　　B．2　　　　　　　C．3　　　　　　　D．4

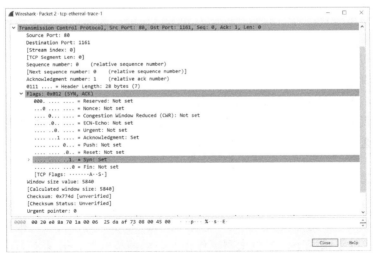

图 3-54　习题图 5

二、思考题

IP 数据报头中，Identification 字段的取值有何规律？TTL 字段的值有何规律？

第4章 局域网组网配置实验

局域网（LAN）是指在某一局部区域内的多台计算机通过高速通信线路相连组成的计算机组。局域网可以实现多种功能，如文件管理、打印机共享等。局域网最大的特点是网络为一个单位所拥有，并且地理范围和终端数量均有限。多数局域网的主机数不超过 50 台。按照传输介质所使用的访问控制方法分类，局域网可以分为以太网、令牌环网、光纤分布式数据接口（FDDI）网和无线局域网，而当前应用最普遍的局域网技术是以太网。

本章主要从以太网交换机配置、生成树协议配置、无线局域网配置 3 个方面来详细介绍局域网组网配置方法。

4.1 交换机配置

4.1.1 交换机基础配置

【原理描述】

交换机也称为交换式集线器，其工作在 OSI 第二层（数据链路层）上，是一种基于 MAC 识别、能完成封装转发帧功能的网络设备，它通过对信息进行重新生成，并经过内部处理后转发至指定端口，具有自动寻址能力和交换作用。交换机能为子网提供更多的连接端口，以便连接更多的计算机。

交换机之间通过以太网电接口对接时，需要协商一些接口参数，如双工模式、速率等。

（1）双工模式

在通信中，根据信道使用的方式可以分为单工、半双工和全双工三类。交换机端口一般使用半双工或全双工。半双工是指在同一时刻端口只能发送或接收数据，全双工是指端口可以同时发送和接收数据。如果交换机的两端接口在协商模式上不统一，会造成帧交互异常。

（2）接口速率

交换机接口速率用 bps 来表示，即每秒钟可以传输的比特数。一般百兆交换机，其端口速率为 100Mbps，千兆交换机，其端口速率是 1000Mbps。交换机上可根据需要调整以太网的接口速率。默认情况下，当以太网工作在非自协商模式时，其速率为接口支持的最大速率。

在实际使用时，根据数据处理量和交换机的性能，可以分为接入层交换机、汇聚层交换机和核心层交换机，主要区别如下。

① 接入层交换机：一般用于直接连接客户端计算机。其目的是允许终端用户连接到网

络，因此接入层交换机具有低成本和高端口密度特性。

② 汇聚层交换机：一般用于楼宇间，相当于一个局部的中转站，是多台接入层交换机的汇聚点，它必须能够处理来自接入层设备的所有通信量，并提供到核心层的上行链路。因此，汇聚层交换机与接入层交换机比较，需要更高的性能、更少的接口和更高的交换速率。

③ 核心层交换机：相当于一个出口或总汇总。其主要目的在于通过高速转发帧，提供高速、优化、可靠的骨干传输结构，因此核心层交换机应拥有更高的可靠性、性能和吞吐量，一般都要求电源冗余。

【实验目的】

① 理解双工模式。
② 理解接口速率。
③ 掌握更改双工模式的配置。
④ 掌握更改接口速率的配置。

【实验内容】

实验场景：某学院根据教学需求要新组建一个网络，购置了 4 台交换机，其中 S1、S2、S3 为接入层交换机，S4 为汇聚层交换机。要求网络管理员进行交换机基本配置时，所有接口都使用全双工模式，并根据需要配置接口速率。

实验要求：根据实例说明，建立一个交换机基础配置的网络拓扑，按给出的实验编址进行基本配置，然后对交换机的双工模式、接口速率进行配置。

【实验配置】

1. 实验拓扑

交换机基础配置的拓扑结构如图 4-1 所示，S1～S3 选择 S3700，S4 选择 S5700，设备连线选择 Copper，连接到设备时选择 GE 或 Ethernet 接口。

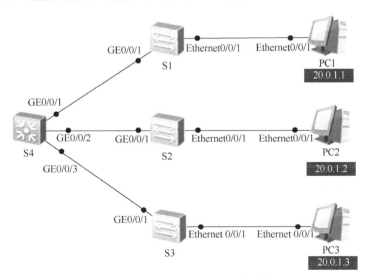

图 4-1　交换机基础配置的拓扑结构

2. 设备编址

设备编址如表 4-1 所示。

表 4-1　设备编址

设备	接口	IP 地址	子网掩码	默认网关
PC1	Ethernet 0/0/1	20.0.1.1	255.255.255.0	N/A
PC2	Ethernet 0/0/1	20.0.1.2	255.255.255.0	N/A
PC3	Ethernet 0/0/1	20.0.1.3	255.255.255.0	N/A

【实验步骤】

第 1 步：设置交换机的名称。使用"sysname"命令修改名称，注意，每一次修改参数后都要使用"save"命令进行保存。

```
<Huawei>system-view
[Huawei]sysname S1
[S1]
<S1>save
```

第 2 步：配置 IP 地址。双击"PC1"图标，打开图形化界面，配置 IP 地址和子网掩码，如图 4-2 所示。用同样的方法对 PC2 和 PC3 进行设置。

图 4-2　配置 IP 地址和子网掩码

第 3 步：检测链路连通性。

① 设置完毕后，单击绿色按钮开启所有设备，如图 4-3 所示。

图 4-3　开启设备

② 在 PC1 的图形化界面 "命令行" 页面中输入 "ping" 命令，检测每一条直连链路的连通性，如图 4-4 所示。

图 4-4　链路连通性检测

此时，PC1 和 PC2 已经可以正常通信了。

第 4 步：交换机双工模式配置。

配置接口的双工模式可以在以下两种模式下进行。

① 自协商模式。在这种模式下，接口的双工模式是与对端的接口进行协商而获得。若协商所获得的双工模式不符合实际要求，则要通过配置模式的取值范围来控制协商的结果。默认情况下，以太网接口自协商双工模式范围为接口所支持的双工模式。如果两个互联的设备其接口都支持全/半双工，当协商工作在半双工模式而实际工作又需要在全双工模式时，就可以使用 "auto duplex full" 命令使其都变成全双工模式。

② 非自协商模式。在这种模式下，可以手动配置接口的双工模式，操作步骤如下。

首先，使用 "system-view" 和 "interface" 命令进入接口视图。

其次，使用 "undo negotiation auto" 命令关掉自协商功能。

最后，使用 "duplex full" 命令指定双工模式为全双工。

根据以上步骤依次对每一个接口进行修改，具体程序如下。

```
<S1>system-view
[S1]interface GigabitEthernet 0/0/1
[S1-GigabitEthernet0/0/1]undo negotiation auto
[S1-GigabitEthernet0/0/1]duplex full

<S2>system-view
[S2]interface GigabitEthernet 0/0/1
[S2-GigabitEthernet0/0/1]undo negotiation auto
[S2-GigabitEthernet0/0/1]duplex full
```

```
<S3>system-view
[S3]interface GigabitEthernet 0/0/1
[S3-GigabitEthernet0/0/1]undo negotiation auto
[S3-GigabitEthernet0/0/1]duplex full

<S4>system-view
[S4]interface GigabitEthernet 0/0/1
[S4-GigabitEthernet0/0/1]undo negotiation auto
[S4-GigabitEthernet0/0/1]duplex full
[S4]interface GigabitEthernet 0/0/2
[S4-GigabitEthernet0/0/2]undo negotiation auto
[S4-GigabitEthernet0/0/2]duplex full
[S4]interface GigabitEthernet 0/0/3
[S4-GigabitEthernet0/0/3]undo negotiation auto
[S4-GigabitEthernet0/0/3]duplex full
```

第 5 步：交换机接口速率配置。

① 自协商模式。在这种模式下，接口速率是与对端的接口进行协商而获得。默认情况下，以太网接口的自协商速率范围为接口支持的所有速率。若协商的速率不符合实际要求，则要通过配置速率的取值范围来控制协商的结果。如果两个互联的设备其接口自协商速率为 10Mbps，而实际要求是 100Mbps，就可以使用"auto speed 100"命令来进行配置。

② 非自协商模式。手动配置接口速率，以防发生无法正常通信的情况。默认情况下，以太网接口的速率为接口支持的最大速率，可以根据网络的需要来调整接口速率。在这里设置 GE 接口速率为 100Mbps，Ethernet 接口速率为 10Mbps。

首先，使用"system-view"和"interface"命令进入接口视图。

其次，使用"undo negotiation auto"命令关掉自协商功能。

最后，使用"speed"命令配置以太网接口速率。

用同样的方法设置其他交换机接口速率，程序如下。

```
[S1]interface GigabitEthernet 0/0/1
[S1-GigabitEthernet0/0/1]undo negotiation auto
[S1-GigabitEthernet0/0/1]speed 100
[S1]interface Ethernet 0/0/1
[S1-Ethernet0/0/1]undo negotiation auto
[S1-Ethernet0/0/1]speed 10
```

其中 S4 的 3 个接口速率全部设置为 100Mbps，程序如下。

```
[S4]interface GigabitEthernet 0/0/1
[S4-GigabitEthernet0/0/1]undo negotiation auto
[S4-GigabitEthernet0/0/1]speed 100
[S4]interface GigabitEthernet 0/0/2
[S4-GigabitEthernet0/0/2]undo negotiation auto
[S4-GigabitEthernet0/0/2]speed 100
```

```
[S4]interface GigabitEthernet 0/0/3
[S4-GigabitEthernet0/0/3]undo negotiation auto
[S4-GigabitEthernet0/0/3]speed 100
```

4.1.2　VLAN 基础配置

【原理描述】

现代局域网通常配置为等级结构，一个工作组中的主机通过交换机与其他工作组进行区分，这样的配置存在以下一些问题。

① 缺乏流量隔离，广播流量会被整个网络的主机接收，冗余度过高且无法控制信息的安全。

② 交换机的无效使用，在分组、用户数比较少的情况下，单一交换机不能提供流量隔离，而多个交换机又会造成资源浪费。

③ 管理用户困难，如果用户处于移动状态，更改物理布线便捷性不够。

虚拟局域网（VLAN）是一组逻辑上的设备和用户，这些设备和用户不受物理位置的限制，可以根据功能、部门及应用等因素将它们组织起来，相互间的通信就好像在同一个网段中一样，因此得名。支持 VLAN 的交换机允许一个单一的物理局域网基础设施定义多个虚拟局域网，在一个 VLAN 中的主机看起来好像是通过与交换机的连接而相互通信的。在一个基于端口的 VLAN 中，交换机的端口由网络管理员划分成组，每个组构成一个VLAN，在每个 VLAN 中的端口形成一个广播域（即来自一个端口的广播流量仅能到达该组中的其他端口）。

端口的链路类型分为 Access、Trunk、Hybrid，其工作模式如下。

① Access 类型：该类型端口只能属于一个 VLAN，连接服务器的端口通常配置此类型，当然连接其他交换机、路由器、防火墙等网络设备也可采用此类型。

② Trunk 类型：该类型端口可以属于多个 VLAN，可以接收和发送多个 VLAN 的报文，连接交换机和需要创建子接口的路由器、防火墙的端口可以配置此类型，连接服务器的端口不能配置成此种类型。

③ Hybrid 类型：该类型可以属于多个 VLAN，可以接收和发送多个 VLAN 的报文，连接交换机、路由器、防火墙、服务器都可以配置成此种类型。

【实验目的】

① 理解 VLAN 的应用场景。
② 掌握 VLAN 的基本配置。
③ 掌握 Access 类型的配置方法。

【实验内容】

实验场景：某学院内网为一个大的局域网，其校园内有多栋教学实验楼，二层交换机 S1 放置在 A 实验楼，该楼有 1 号、2 号机房；二层交换机 S2 放置在 B 实验楼，该楼有 3 号、4 号机房。根据教学要求，各机房之间不能互相通信，机房内的主机可以互相访问。

实验要求：根据实例说明，建立一个网络拓扑，在交换机上划分不同的 VLAN，并将连接主机的交换机接口配置成 Access 类型，划分到相应的 VLAN 中。

【实验配置】

1．实验拓扑

S3700 交换机两台，PC 6 台，拓扑结构如图 4-5 所示。

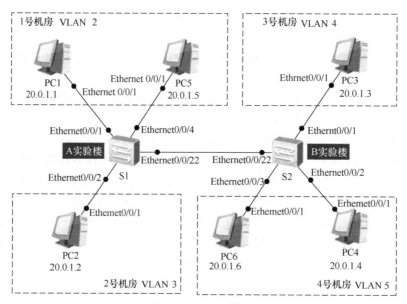

图 4-5　实验拓扑结构图

2．设备编址

设备编址如表 4-2 所示。

表 4-2　设备编址

设备	接口	IP 地址	子网掩码	默认网关
PC1	Ethernet 0/0/1	20.0.1.1	255.255.255.0	N/A
PC2	Ethernet 0/0/1	20.0.1.2	255.255.255.0	N/A
PC3	Ethernet 0/0/1	20.0.1.3	255.255.255.0	N/A
PC4	Ethernet 0/0/1	20.0.1.4	255.255.255.0	N/A
PC5	Ethernet 0/0/1	20.0.1.5	255.255.255.0	N/A
PC6	Ethernet 0/0/1	20.0.1.6	255.255.255.0	N/A

【实验步骤】

第 1 步：配置 IP 地址。根据编址对主机进行基本 IP 地址配置，在这个步骤中，不创建任何 VLAN。

第 2 步：检测链路连通性。

① 开启所有设备。

② 使用"ping"命令检测各直连链路的连通性，所有的主机都可以相互通信。

第 3 步：创建 VLAN。默认 VLAN 值为 1，其余编号的 VLAN 均要通过命令手工创建。创建方式有以下两种。

① 一次创建一个 VLAN。在系统视图下，使用"vlan"命令创建单个 VLAN。例如，在 S1 上使用两条命令分别创建 VLAN 2 和 VLAN 3，程序如下。

```
<S1>system-view
[S1]vlan 2
[S1-vlan2]vlan 3
```

② 一次创建多个 VLAN。使用"vlan batch"命令一次可以创建多个 VLAN。例如，在 S2 上使用该命令创建 VLAN 4 和 VLAN 5，程序如下。

```
<S2>system-view
[S2]vlan batch 4 5
```

配置完成后，可以在用户视图或系统视图下，使用"display vlan"命令来查看相关信息，下面给出的分别是在用户视图下查看S1 的 VLAN 信息和在系统视图下查看S2 的 VLAN 信息。可以看到，现在交换机均已成功创建了 VLAN，但是还没有接口加入。默认情况下，交换机上的所有接口都属于 VLAN 1。

```
<S1>display vlan
The total number of vlans is : 3
--------------------------------------------------------------------------
U: Up;          D: Down;          TG: Tagged;          UT: Untagged;
MP: Vlan-mapping;                 ST: Vlan-stacking;
#: ProtocolTransparent-vlan;      *: Management-vlan;
--------------------------------------------------------------------------

VID    Type     Ports
--------------------------------------------------------------------------
1      common   UT:Eth0/0/1(U)      Eth0/0/2(U)      Eth0/0/3(U)      Eth0/0/4(D)
       Eth0/0/5(D)      Eth0/0/6(D)      Eth0/0/7(D)      Eth0/0/8(D)
       Eth0/0/9(D)      Eth0/0/10(D)     Eth0/0/11(D)     Eth0/0/12(D)
       Eth0/0/13(D)     Eth0/0/14(D)     Eth0/0/15(D)     Eth0/0/16(D)
       Eth0/0/17(D)     Eth0/0/18(D)     Eth0/0/19(D)     Eth0/0/20(D)
       Eth0/0/21(D)     Eth0/0/22(D)     GE0/0/1(D)       GE0/0/2(D)
2      common
3      common


[S2]display vlan
The total number of vlans is : 3
--------------------------------------------------------------------------
U: Up;          D: Down;          TG: Tagged;          UT: Untagged;
MP: Vlan-mapping;                 ST: Vlan-stacking;
#: ProtocolTransparent-vlan;      *: Management-vlan;
--------------------------------------------------------------------------

VID    Type     Ports
```

```
--------------------------------------------------------------------
1     common    UT:Eth0/0/1(U)      Eth0/0/2(U)       Eth0/0/3(U)       Eth0/0/4(D)
                    Eth0/0/5(D)       Eth0/0/6(D)       Eth0/0/7(D)       Eth0/0/8(D)
                    Eth0/0/9(D)       Eth0/0/10(D)      Eth0/0/11(D)      Eth0/0/12(D)
                    Eth0/0/13(D)      Eth0/0/14(D)      Eth0/0/15(D)      Eth0/0/16(D)
                    Eth0/0/17(D)      Eth0/0/18(D)      Eth0/0/19(D)      Eth0/0/20(D)
                    Eth0/0/21(D)      Eth0/0/22(D)      GE0/0/1(D)        GE0/0/2(D)
4     common
5     common
```

第 4 步：配置 Access 接口

① 根据实例的拓扑结构，使用"port link-type access"命令配置所有交换机上连接的主机接口类型为 Access。

② 使用"port default vlan"命令配置接口的默认 VLAN，并同时加入对应的 VLAN 中。默认情况下，所有接口的默认 VLAN ID 均为 1，程序如下。

```
[S1]interface ethernet 0/0/1
[S1-Ethernet0/0/1]port link-type access
[S1-Ethernet0/0/1]port default vlan 2
[S1-Ethernet0/0/1]interface ethernet 0/0/2
[S1-Ethernet0/0/2]port link-type access
[S1-Ethernet0/0/2]port default vlan 3

[S2]interface ethernet 0/0/1
[S2-Ethernet0/0/1]port link-type access
[S2-Ethernet0/0/1]port default vlan 4
[S2-Ethernet0/0/1]interface ethernet 0/0/2
[S2-Ethernet0/0/2]port link-type access
[S2-Ethernet0/0/2]port default vlan 5
```

③ 配置完成后，使用"display vlan"命令查看交换机上的 VLAN 信息。从显示信息来看，与主机相连的交换机接口都已经加入对应的 VLAN 中。其中 VLAN 2 中包含两个接口，分别是 Eth0/0/1 和 Eth0/0/3，即 PC1 和 PC5 对应的交换机接口加入 VLAN 2 中。

```
<S1>display vlan
The total number of vlans is : 3
--------------------------------------------------------------------
U: Up;          D: Down;          TG: Tagged;          UT: Untagged;
MP: Vlan-mapping;                 ST: Vlan-stacking;
#: ProtocolTransparent-vlan;      *: Management-vlan;
----------------------------------------------------------------VID  Type   Ports
--------------------------------------------------------------------
1     common    UT:Eth0/0/3(U)      Eth0/0/4(D)       Eth0/0/5(D)       Eth0/0/6(D)
                    Eth0/0/7(D)       Eth0/0/8(D)       Eth0/0/9(D)       Eth0/0/10(D)
                    Eth0/0/11(D)      Eth0/0/12(D)      Eth0/0/13(D)      Eth0/0/14(D)
                    Eth0/0/15(D)      Eth0/0/16(D)      Eth0/0/17(D)      Eth0/0/18(D)
                    Eth0/0/19(D)      Eth0/0/20(D)      Eth0/0/21(D)      Eth0/0/22(D)
```

```
                    GE0/0/1(D)         GE0/0/2(D)

2      common    UT:Eth0/0/1(U)       Eth0/0/3(U)
3      common    UT:Eth0/0/2(U)



<S2>display vlan
The total number of vlans is : 3
--------------------------------------------------------------------
U: Up;            D: Down;            TG: Tagged;         UT: Untagged;
MP: Vlan-mapping;                     ST: Vlan-stacking;
#: ProtocolTransparent-vlan;      *: Management-vlan;
--------------------------------------------------------------------

VID  Type    Ports
--------------------------------------------------------------------
1    common  UT:Eth0/0/3(U)     Eth0/0/4(D)      Eth0/0/5(D)      Eth0/0/6(D)
             Eth0/0/7(D)        Eth0/0/8(D)      Eth0/0/9(D)      Eth0/0/10(D)
             Eth0/0/11(D)       Eth0/0/12(D)     Eth0/0/13(D)     Eth0/0/14(D)
             Eth0/0/15(D)       Eth0/0/16(D)     Eth0/0/17(D)     Eth0/0/18(D)
             Eth0/0/19(D)       Eth0/0/20(D)     Eth0/0/21(D)     Eth0/0/22(D)
             GE0/0/1(D)         GE0/0/2(D)

4    common  UT:Eth0/0/1(U)
5    common  UT:Eth0/0/2(U)     Eth0/0/3(U)
```

第 5 步：检验结果。前面的步骤已经将交换机上的不同接口加入不同的 VLAN 中。同一个 VLAN 中的接口属于同一个广播域，可以相互直接通信；不同 VLAN 中的接口属于不同的广播域，不能直接通信。

经过连通性测试，在 B 实验楼 4 号机房的主机 PC4 可以与同在 VLAN 5 的主机 PC6 通信，而不能与处于 VLAN 2 的 1 号机房主机 PC5 通信。

```
PC>ping 20.0.1.5

Ping 20.0.1.5: 32 data bytes, Press Ctrl_C to break
From 20.0.1.4: Destination host unreachable
From 20.0.1.4: Destination host unreachable
From 20.0.1.4: Destination host unreachable
From 20.0.1.4: Destination host unreachable
From 20.0.1.4: Destination host unreachable

--- 20.0.1.5 ping statistics ---
   5 packet(s) transmitted
   0 packet(s) received
   100.00% packet loss
```

```
PC>ping 20.0.1.6

Ping 20.0.1.6: 32 data bytes, Press Ctrl_C to break
From 20.0.1.6: bytes=32 seq=1 ttl=128 time=47 ms
From 20.0.1.6: bytes=32 seq=2 ttl=128 time=32 ms
From 20.0.1.6: bytes=32 seq=3 ttl=128 time=32 ms
From 20.0.1.6: bytes=32 seq=4 ttl=128 time=47 ms
From 20.0.1.6: bytes=32 seq=5 ttl=128 time=47 ms

--- 20.0.1.6 ping statistics ---
    5 packet(s) transmitted
    5 packet(s) received
    0.00% packet loss
    round-trip min/avg/max = 32/41/47 ms
```

4.1.3　MUX VLAN 配置

【原理描述】

MUX VLAN（Multiplex VLAN）提供了一种通过 VLAN 进行网络资源控制的机制。一个 MUX VLAN 可以包含多个上行端口，但是只包含一个业务虚端口，不同的 MUX VLAN 间的业务流相互之间隔离，与接入用户之间存在一对一的映射关系，可根据 VLAN 来区分不同的用户。

MUX VLAN 分为主 VLAN 和从 VLAN，从 VLAN 又分为隔离型从 VLAN 和互通型从 VLAN，如图 4-6 所示。

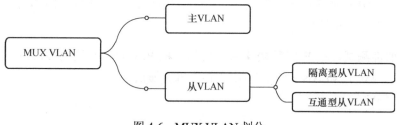

图 4-6　MUX VLAN 划分

① 主 VLAN（Principal VLAN）：Principal Port 可以和 MUX VLAN 内的所有接口进行通信。

② 隔离型从 VLAN（Separate VLAN）：Separate Port 只能和 Principal Port 进行通信，与其他类型的接口实现完全隔离。每个隔离型从 VLAN 必须绑定一个主 VLAN。

③ 互通型从 VLAN（Group VLAN）：Group Port 可以和 Principal Port 进行通信，在同一组内的接口也可以互相通信，但不能和其他组接口或 Separate Port 通信。每个互通型从 VLAN 必须绑定一个主 VLAN。

MUX VLAN 定义的访问规则如下。

① 主 VLAN 与从 VLAN 之间可以相互通信。

② 隔离型从 VLAN 内的端口之间不能互相通信，它只能访问主 VLAN。

③ 互通型从 VLAN 内的端口之间可以互相通信，不同互通型从 VLAN 内的端口不可访问。

【实验目的】

① 理解 MUX VLAN 的应用场景。

② 掌握 MUX VLAN 的基本配置。

【实验内容】

实验场景：在一个学院中，所有人员均可以访问服务器，学院内部师生之间可以相互交流，由于业务需要，个别部门是隔离的，不能相互通信。

实验要求：根据实例说明，建立一个网络拓扑，在交换机上划分不同的 VLAN，配置 MUX VLAN 功能，配置接口并使用该功能。

【实验配置】

1. 实验拓扑

S5700 交换机一台，服务器一台，PC 4 台，拓扑结构如图 4-7 所示。

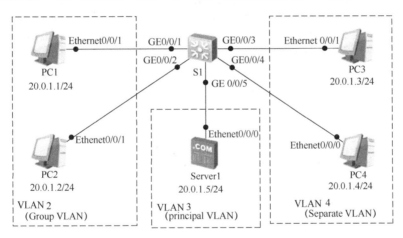

图 4-7 实验拓扑结构图

2. 设备编址

设备编址如表 4-3 所示。

表 4-3 设备编址

设备	接口	IP 地址	子网掩码	默认网关
PC1	Ethernet 0/0/1	20.0.1.1	255.255.255.0	N/A
PC2	Ethernet 0/0/1	20.0.1.2	255.255.255.0	N/A
PC3	Ethernet 0/0/1	20.0.1.3	255.255.255.0	N/A
PC4	Ethernet 0/0/1	20.0.1.4	255.255.255.0	N/A
Server1	Ethernet 0/0/1	20.0.1.5	255.255.255.0	N/A

【实验步骤】

第1步：配置 IP 地址。根据编址，设置每一台设备的 IP 地址和子网掩码，并检测链路连通性。

第2步：创建 VLAN。

① 使用"vlan batch"命令创建3个 VLAN，即 VLAN 2、VLAN 3、VLAN 4。

② 使用"display"命令查看 VLAN 情况，程序如下。

```
<S1>vlan batch 2 3 4
[S1]display vlan
The total number of vlans is : 4
--------------------------------------------------------------------------------
U: Up;              D: Down;              TG: Tagged;              UT: Untagged;
MP: Vlan-mapping;                         ST: Vlan-stacking;
#: ProtocolTransparent-vlan;              *: Management-vlan;
--------------------------------------------------------------------------------
VID  Type    Ports
--------------------------------------------------------------------------------
1    common  UT:GE0/0/1(U)      GE0/0/2(U)      GE0/0/3(U)      GE0/0/4(U)
                GE0/0/5(U)      GE0/0/6(D)      GE0/0/7(D)      GE0/0/8(D)
                GE0/0/9(D)      GE0/0/10(D)     GE0/0/11(D)     GE0/0/12(D)
                GE0/0/13(D)     GE0/0/14(D)     GE0/0/15(D)     GE0/0/16(D)
                GE0/0/17(D)     GE0/0/18(D)     GE0/0/19(D)     GE0/0/20(D)
                GE0/0/21(D)     GE0/0/22(D)     GE0/0/23(D)     GE0/0/24(D)

2    common
3    common
4    common
```

第3步：配置 MUX VLAN。

① 进入 VLAN 3 视图，使用"mux-vlan"命令建立 MUX VLAN。

```
[S1]vlan 3
[S1-vlan3]mux-vlan
```

② 使用"subordinate group"命令配置 VLAN 2 为互通型从 VLAN。

```
[S1-vlan3]subordinate group 2
```

③ 使用"subordinate separate"命令配置 VLAN 4 为隔离型从 VLAN。

```
[S1-vlan3]subordinate separate 4
```

第4步：配置接口。

① 以 GE 0/0/1 接口加入 VLAN 2 为例，使用"interface GigabitEthernet"命令进入接口视图。

```
[S1]interface GigabitEthernet 0/0/1
```

② 使用"port link-type access"命令设置链路类型。

```
[S1-GigabitEthernet0/0/1]port link-type access
```

③ 使用"port default vlan"命令，将交换机接口加入对应的 VLAN。

```
[S1-GigabitEthernet0/0/1]port default vlan 2
```

④ 使用"port mux-vlan enable"命令，赋予 MUX VLAN 功能。

[S1-GigabitEthernet0/0/1]port mux-vlan enable

用同样的方法对余下的 4 个接口进行配置，程序如下。

[S1-GigabitEthernet0/0/1]interface GigabitEthernet 0/0/2

[S1-GigabitEthernet0/0/2]port link-type access

[S1-GigabitEthernet0/0/2]port default vlan 2

[S1-GigabitEthernet0/0/2]port mux-vlan enable

[S1-GigabitEthernet0/0/2]interface GigabitEthernet 0/0/3

[S1-GigabitEthernet0/0/3]port link-type access

[S1-GigabitEthernet0/0/3]port default vlan 4

[S1-GigabitEthernet0/0/3]port mux-vlan enable

[S1-GigabitEthernet0/0/4]interface GigabitEthernet 0/0/4

[S1-GigabitEthernet0/0/4]port link-type access

[S1-GigabitEthernet0/0/4]port default vlan 4

[S1-GigabitEthernet0/0/4]port mux-vlan enable

[S1-GigabitEthernet0/0/4]interface GigabitEthernet 0/0/5

[S1-GigabitEthernet0/0/5]port link-type access

[S1-GigabitEthernet0/0/5]port default vlan 3

[S1-GigabitEthernet0/0/5]port mux-vlan enable

⑤ 全部设置完毕后，使用"display"命令查看 VLAN 情况，程序如下。

```
<S1>display vlan
The total number of vlans is : 4
--------------------------------------------------------------
U: Up;           D: Down;          TG: Tagged;          UT: Untagged;
MP: Vlan-mapping;                  ST: Vlan-stacking;
#: ProtocolTransparent-vlan;       *: Management-vlan;
--------------------------------------------------------------

VID  Type     Ports
--------------------------------------------------------------
1    common   UT:GE0/0/6(D)     GE0/0/7(D)      GE0/0/8(D)      GE0/0/9(D)
                 GE0/0/10(D)    GE0/0/11(D)     GE0/0/12(D)     GE0/0/13(D)
                 GE0/0/14(D)    GE0/0/15(D)     GE0/0/16(D)     GE0/0/17(D)
                 GE0/0/18(D)    GE0/0/19(D)     GE0/0/20(D)     GE0/0/21(D)
                 GE0/0/22(D)    GE0/0/23(D)     GE0/0/24(D)

2    mux-sub  UT:GE0/0/1(U)     GE0/0/2(U)
3    mux      UT:GE0/0/5(U)
4    mux-sub  UT:GE0/0/3(U)     GE0/0/4(U)
```

第 5 步：检验结果。前面的步骤已经将交换机上的不同接口加入不同的 VLAN 中，并设置 VLAN 3 为 MUX VLAN 的主 VLAN，VLAN 2 为 MUX VLAN 的互通型从 VLAN，

VLAN 4 为 MUX VLAN 的隔离型从 VLAN。

从检验结果可以看到：

① 对于互通型从 VLAN 中的主机，可以与群内的主机和主 VLAN 互联，但是和隔离型从 VLAN 不能通信。经过连通性测试，PC1 可以与 PC2、Server1 互联，但是不能与 PC3 通信。

```
PC>ping 20.0.1.2 -c 1
Ping 20.0.1.2: 32 data bytes, Press Ctrl_C to break
From 20.0.1.2: bytes=32 seq=1 ttl=128 time=47 ms
--- 20.0.1.2 ping statistics ---
    1 packet(s) transmitted
    1 packet(s) received
    0.00% packet loss
    round-trip min/avg/max = 47/47/47 ms


PC>ping 20.0.1.3 -c 1
Ping 20.0.1.3: 32 data bytes, Press Ctrl_C to break
From 20.0.1.1: Destination host unreachable
--- 20.0.1.3 ping statistics ---
    1 packet(s) transmitted
    0 packet(s) received
    100.00% packet loss


PC>ping 20.0.1.5 -c 1
Ping 20.0.1.5: 32 data bytes, Press Ctrl_C to break
From 20.0.1.5: bytes=32 seq=1 ttl=255 time=31 ms
--- 20.0.1.5 ping statistics ---
    1 packet(s) transmitted
    1 packet(s) received
    0.00% packet loss
    round-trip min/avg/max = 31/31/31 ms
```

② 对于隔离型从 VLAN 中的主机，可以与主 VLAN 互联，但是和互通型从 VLAN 及同一个隔离型从 VLAN 中的主机不能通信。经过连通性测试，PC4 不能与 PC1 和 PC3 通信，但是可以与 Server1 通信。

```
PC>ping 20.0.1.2 -c 1
Ping 20.0.1.2: 32 data bytes, Press Ctrl_C to break
From 20.0.1.4: Destination host unreachable
--- 20.0.1.2 ping statistics ---
    1 packet(s) transmitted
    0 packet(s) received
    100.00% packet loss


PC>ping 20.0.1.5 -c 1
```

```
Ping 20.0.1.5: 32 data bytes, Press Ctrl_C to break
From 20.0.1.5: bytes=32 seq=1 ttl=255 time=47 ms
--- 20.0.1.5 ping statistics ---
    1 packet(s) transmitted
    1 packet(s) received
    0.00% packet loss
    round-trip min/avg/max = 47/47/47 ms


PC>ping 20.0.1.3 -c 1
Ping 20.0.1.3: 32 data bytes, Press Ctrl_C to break
From 20.0.1.4: Destination host unreachable
--- 20.0.1.3 ping statistics ---
    1 packet(s) transmitted
    0 packet(s) received
    100.00% packet loss
```

4.2　生成树协议配置

【原理描述】

生成树协议（STP）的基本原理是，通过在交换机之间传递一种特殊的协议报文——网桥协议数据单元（BPDU），选举根交换机，其他非根交换机选择与根交换机通信的根端口，然后每个网段选择用来转发数据到根交换机的指定端口，剩余端口被阻塞。在 STP 工作过程中，根交换机的选举，根端口、指定端口的选举都非常重要。STP 可以消除网络中的环路，在网络中建立树形拓扑结构，其最主要的应用是为了避免局域网中的单点故障、网络回环，解决成环以太网网络的"广播风暴"问题，它能快速发现故障并尽快找出另外一条路径进行数据传输。从某种意义上说，STP 是一种网络保护技术，可以消除由于失误或意外带来的循环连接。

在 STP 协议中，交换机的端口共有 5 种状态：阻塞（Blocking）、监听（Listening）、学习（Learning）、转发（Forwarding）、禁用（Disabled）。

① 阻塞（Blocking）：处于这个状态的端口不参与转发数据报文，但是可以接收配置消息，并交给 CPU 进行处理。不过不能发送配置消息，也不进行地址学习。

② 监听（Listening）：处于这个状态的端口不参与数据转发，不进行地址学习，但是可以接收并发送配置消息。

③ 学习（Learning）：处于这个状态的端口不参与数据转发，但是进行地址学习，并可以接收、处理和发送配置消息。

④ 转发（Forwarding）：一旦端口进入该状态，就可以转发任何数据，同时也可以进行地址学习和配置消息的接收、处理和发送。

STP 的端口角色有 3 种：根端口（Root Port）、指定端口（Designated Port）和禁用端口（Disabled Port）。其作用如下。

① 根端口（Root Port）：当交换机转发包到根交换机时，"根端口"可以提供最小的路径开销（Path Cost）。

② 指定端口（Designated Port）：该类端口连接到指定的交换机，在从该交换机上转发来自 LAN 中的包到"根网桥"时，该端口可以提供最小的路径开销。通过指定交换机与 LAN 连接的端口称为"指定端口"。每个以太网网段内必须有一个指定端口。

③ 禁用端口（Disabled Port）：该类端口在生成树操作中没有担当任何角色。

【实验目的】

① 理解 STP 的选举过程。
② 掌握更改交换机优先级的方法。
③ 掌握端口开销值的修改方法。

【实验内容】

实验场景：学院购置 4 台交换机以建立新的网络。为保证网络的可靠性，拓扑结构如图 4-8 所示。交换机之间开始运行 STP 以后，基于交换机的 MAC 地址可以确定根交换机、根端口和指定端口，这种默认情况存在一定的不确定性。因此，学院规划要确定根交换机、备份根交换机、根端口和边缘端口。

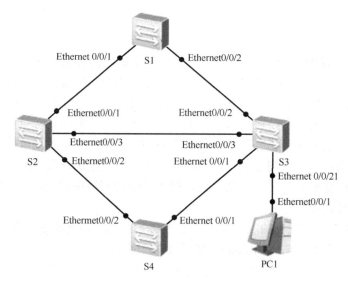

图 4-8　实验拓扑结构图

实验要求：根据场景和网络拓扑，设置 S1 为主根交换机，S2 为 S1 的备份根交换机，S4 交换机的 E0/0/1 接口为根端口，S2 与 S3 之间的链路上 S2 的 E0/0/3 为指定端口。

【实验配置】

1．实验拓扑结构

实验拓扑结构中，所有交换机均使用 S3700，使用"sysname"命令将对应设备名称更改为 S1、S2、S3、S4。

2．交换机的 MAC 地址

本实验中的各交换机 MAC 地址查询如表 4-4 所示。

表 4-4　交换机 MAC 地址

设　　备	MAC 地址	设　　备	MAC 地址
S1（S3700）	4c1f-cce3-13f3	S3（S3700）	4c1f-cc62-78c2
S2（S3700）	4c1f-ccd6-0b99	S4（S3700）	4c1f-cc23-45ab

【实验步骤】

第 1 步：更改交换机 STP 模式。

① 启动设备。华为的交换机默认使用的是 MSTP（Multiple Spanning Tree Protocol，多生成树）。

② 为便于本实验配置，使用"stp enable"命令启动 STP 设置。

③ 使用"stp mode stp"命令将交换机的 STP 模式改为普通生成树 STP。在设置完毕后，需等待 30s 时间，用于生成树重新计算。

```
[S1]stp enable
[S1]stp mode stp

[S2]stp enable
[S2]stp mode stp

[S3]stp enable
[S3]stp mode stp

[S4]stp enable
[S4]stp mode stp
```

④ 使用"display stp"命令查看任一交换机的生成树状态，或者使用"display stp brief"命令，仅查看摘要信息。

下面是使用"display stp"命令查看 S2 的生成树状态。

```
[S2]display stp
-------[CIST Global Info][Mode STP]-------
CIST Bridge              :4096 .4c1f-ccd6-0b99
…………
Last TC occurred         :Ethernet0/0/1
----[Port1(Ethernet0/0/1)][FORWARDING]----
 Port Protocol           :Enabled
 Port Role               :Root Port
…………
----[Port2(Ethernet0/0/2)][FORWARDING]----
 Port Protocol           :Enabled
 Port Role               :Root Port
…………
```

下面是使用"display stp brief"命令分别查看 S1～S4 的生成树状态的摘要信息。

[S1]display stp brief

MSTID	Port	Role	STP State	Protection
0	Ethernet0/0/1	ALTE	DISCARDING	NONE
0	Ethernet0/0/2	ROOT	FORWARDING	NONE

从 S1 的摘要信息中可以看到端口情况如下。

E0/0/1 端口为丢弃状态（Discarding），端口角色为替代端口（Alternate）。

E0/0/2 端口为转发状态（Forwarding），端口角色为根端口（Root）。

[S2]display stp brief

MSTID	Port	Role	STP State	Protection
0	Ethernet0/0/1	DESI	FORWARDING	NONE
0	Ethernet0/0/2	ROOT	FORWARDING	NONE
0	Ethernet0/0/3	ALTE	DISCARDING	NONE

从 S2 的摘要信息中可以看到端口情况如下。

E0/0/1 端口为转发状态（Forwarding），端口角色为指定端口（Designated）。

E0/0/2 端口为转发状态（Forwarding），端口角色为根端口（Root）。

E0/0/3 端口为丢弃状态（Discarding），端口角色为替代端口（Alternate）。

[S3]display stp brief

MSTID	Port	Role	STP State	Protection
0	Ethernet0/0/1	ROOT	FORWARDING	NONE
0	Ethernet0/0/2	DESI	FORWARDING	NONE
0	Ethernet0/0/3	DESI	FORWARDING	NONE
0	Ethernet0/0/21	DESI	FORWARDING	NONE

从 S3 的摘要信息中可以看到端口情况如下。

4 个端口均为转发状态（Forwarding），E0/0/1 端口角色为根端口（Root），E0/0/2、E0/0/3 端口角色为指定端口（Designated）。

[S4]display stp brief

MSTID	Port	Role	STP State	Protection
0	Ethernet0/0/1	DESI	FORWARDING	NONE
0	Ethernet0/0/2	DESI	FORWARDING	NONE

从 S4 的摘要信息中可以看到端口情况如下。

E0/0/1、E0/0/2 端口均为转发状态（Forwarding），且端口角色均为指定端口（Designated）。

从以上分析可以看出，S4 为根交换机，因为其所有的端口均为指定端口。

使用"display stp"命令查看生成树信息，其 CIST Bridge 和 CIST Root 的值相同，即根交换机 ID 和自身的交换机 ID 相同，表明 S4 为根交换机。

[S4]display stp

-------[CIST Global Info][Mode STP]-------

CIST Bridge   :32768.4c1f-cc23-45ab

Config Times   :Hello 2s MaxAge 20s FwDly 15s MaxHop 20

Active Times   :Hello 2s MaxAge 20s FwDly 15s MaxHop 20

CIST Root/ERPC   :32768.4c1f-cc23-45ab / 0

CIST RegRoot/IRPC   :32768.4c1f-cc23-45ab / 0

第 2 步：配置网络根交换机。交换机 ID 由交换机优先级和 MAC 地址组成，表示为

32768.4c1f-cc23-45ab，32768 为优先级值，4c1f-cc23-45ab 为 MAC 地址。优先级的值越小越优先，优先级值是 0 的交换机为主根交换机，优先级的值为 4096 则是备份根交换机，默认优先级的值为 32768。用户可以通过修改优先级的值来改变其优先级。

根交换机在网络中起到至关重要的作用，如果性能较差，会影响到整个网络的通信质量和数据传输，因此确定根交换机的位置极为重要。在生成树运算中，第一步就是通过比较交换机的 ID 来选举根交换机。先比较优先级，数值最低的为根交换机；若优先级相同，则比较 MAC 地址，数值最低的为根交换机。

所有交换机运行时均为默认优先级 32768，因此设备启动后选举了 MAC 地址最小的 S4 为根交换机。

有两种方法配置主根交换机和备份根交换机。

方法一：

① 使用"stp priority"命令修改 S1 的优先级值为 0，将其配置为主根交换机。

[S1]stp priority 0

② 使用"stp priority"命令修改 S2 的优先级值为 4096，将其配置为备份根交换机。

[S2]stp priority 4096

③ 使用"display"命令查看 S1 和 S2 的状态信息，S1 的优先级变为 0，为根交换机；S2 的优先级变为 4096，为备份根交换机。

```
<S1>display stp
-------[CIST Global Info][Mode STP]-------
CIST Bridge          :0        .4c1f-cce3-13f3
Config Times         :Hello 2s MaxAge 20s FwDly 15s MaxHop 20
Active Times         :Hello 2s MaxAge 20s FwDly 15s MaxHop 20
CIST Root/ERPC       :0        .4c1f-cce3-13f3 / 0
CIST RegRoot/IRPC    :0        .4c1f-cce3-13f3 / 0

<S2>display stp
-------[CIST Global Info][Mode STP]-------
CIST Bridge          :4096 .4c1f-ccd6-0b99
Config Times         :Hello 2s MaxAge 20s FwDly 15s MaxHop 20
Active Times         :Hello 2s MaxAge 20s FwDly 15s MaxHop 20
CIST Root/ERPC       :0        .4c1f-cce3-13f3 / 200000
CIST RegRoot/IRPC    :4096 .4c1f-ccd6-0b99 / 0
```

方法二：

① 使用"undo stp priority"命令删除 S1 上配置的优先级。

[S1]undo stp priority

② 使用"stp root primary"命令设置主根交换机。

[S1]stp root primary

③ 使用"stp root secondary"命令配置备份根交换机。

[S2]undo stp priority

[S2]stp root secondary

用这种方式配置后，查看 STP 的状态信息，与方法一得到的结果一致，S1 和 S2 的优先级分别自动更改为 0 和 4096。

第 3 步：根端口的选举。生成树运算在选出根交换机之后，在非根交换机上选举根端口，每台交换机上只能拥有一个根端口。先比较该交换机上每个端口到达根交换机的根路径开销，开销最小的端口将设置为根端口；若开销相同，则比较每个端口所在链路上的上行交换机 ID；若交换机 ID 也相同，则比较每个端口所在链路上的上行端口 ID。

① 使用"display stp brief"命令查看 S3 的生成树信息。

```
[S3]display stp brief
  MSTID  Port                        Role   STP State   Protection
    0    Ethernet0/0/1               DESI   FORWARDING    NONE
    0    Ethernet0/0/2               ROOT   FORWARDING    NONE
    0    Ethernet0/0/3               ALTE   DISCARDING    NONE
    0    Ethernet0/0/21              DESI   FORWARDING    NONE
```

可以看到 E0/0/2 为根端口，状态为转发状态。S3 在选举根端口时，先比较根路径开销，因为在实验拓扑结构中用的是百兆以太网链路，所以从 S3 到 S1 的开销、S3 经过 S2 到 S1 的开销、S3 经过 S4 和 S2 的开销都相同。然后比较端口对应的上行交换机 ID，因为 E0/0/2 与主根交换机 S1 连接，S1 的优先级为 0；E0/0/3 与备份根交换机 S2 相连，S2 的优先级为 4096；E0/0/4 与交换机 S4 相连，S4 的优先级为 32768。所以，与主根交换机 S1 相连的 E0/0/2 被选为根端口。

同理，可以查看 S4 的生成树信息，其与备份根交换机连接的 E0/0/2 端口为根端口。

```
[S4]display stp brief
  MSTID  Port                        Role   STP State   Protection
    0    Ethernet0/0/1               ALTE   DISCARDING    NONE
    0    Ethernet0/0/2               ROOT   FORWARDING    NONE
```

② 使用"display stp interface"命令查看 S4 的 E0/0/1 和 E0/0/2 接口开销。

```
[S4]display stp interface Ethernet0/0/1
----[Port1(Ethernet0/0/1)][DISCARDING]----
 Port Protocol         :Enabled
 Port Role             :Alternate Port
 Port Priority         :128
 Port Cost(Dot1T )     :Config=auto / Active=200000
…………
[S4]display stp interface Ethernet0/0/2
----[Port2(Ethernet0/0/2)][FORWARDING]----
 Port Protocol         :Enabled
 Port Role             :Root Port
 Port Priority         :128
 Port Cost(Dot1T )     :Config=auto / Active=200000
…………
```

Port Cost(Dot1T):Config=auto / Active=200000 的含义是，路径开销采用 Dot1T 的计算方法，Config 是指手动配置的路径开销，Active 是指实际使用的路径开销。这里使用"stp cost"命令将 E0/0/1 的开销设置为 1000，即减少其默认的开销。

[S4-Ethernet0/0/1]interface Ethernet0/0/1

[S4-Ethernet0/0/1]stp cost 1000

③ 设置完毕后，使用"display stp interface"命令查看该接口的开销值，已经更改为 1000。

----[Port1(Ethernet0/0/1)][FORWARDING]----

Port Protocol　　　　:Enabled

Port Role　　　　　　:Root Port

Port Priority　　　　:128

Port Cost(Dot1T)　　:Config=1000 / Active=1000

④ 使用"display stp brief"命令查看 S4 的 STP 状态摘要信息。因为 E0/0/1 接口的开销已经低于 E0/0/2 接口的开销，所以此时 E0/0/1 接口变成了根端口，E0/0/2 接口变成了 Alternate 端口。

[S4]display stp brief

MSTID	Port	Role	STP State	Protection
0	Ethernet0/0/1	ROOT	FORWARDING	NONE
0	Ethernet0/0/2	ALTE	DISCARDING	NONE

第 4 步：指定端口的选举。STP 在每台非根交换机选举出根端口后，将在每个网段上选举指定端口，其规则与选举根端口类似。先比较两个端口发送和接收 BPDU 中的根路径开销，若相同，则比较端口发送和接收 BPDU 中的网桥 ID，若网桥的优先级相同，则进一步比较网桥 MAC 地址，最终选出该物理网段的指定端口。

现在管理员需要确保 S3 连接 S2 的接口 E0/0/3 为指定端口，可以通过修改端口开销来实现。

① 为更好地模拟该场景，使用"undo stp priority"命令将 S2 的优先级恢复为默认值。

② 使用"display stp"命令查看其 STP 状态信息，已恢复至默认优先级。

[S2]undo stp priority

[S2]display stp

-------[CIST Global Info][Mode STP]-------

CIST Bridge　　　　:32768.4c1f-ccd6-0b99

③ 查看 S2 与 S3 的 STP 状态摘要信息，此时连接 S2 和 S3 的链路上，S2 的 E0/0/3 接口是替代端口（Alternate），S3 的 E0/0/3 接口是指定端口（Designated）。

[S2]display stp brief

MSTID	Port	Role	STP State	Protection
0	Ethernet0/0/1	ROOT	FORWARDING	NONE
0	Ethernet0/0/2	DESI	FORWARDING	NONE
0	Ethernet0/0/3	ALTE	DISCARDING	NONE

[S3]display stp brief

MSTID	Port	Role	STP State	Protection
0	Ethernet0/0/1	DESI	FORWARDING	NONE
0	Ethernet0/0/2	ROOT	FORWARDING	NONE
0	Ethernet0/0/3	DESI	FORWARDING	NONE

	0	Ethernet0/0/21		DESI	FORWARDING		NONE	

这是因为在根路径开销和网桥 ID 优先级相同的条件下，S3 的 MAC 地址较小，所以其 E0/0/3 接口被选举为指定端口。

```
[S2]display interface Ethernet 0/0/3
…………
Hardware address is 4c1f-ccd6-0b99


[S3]display interface Ethernet 0/0/3
…………
Hardware address is 4c1f-cc62-78c2
```

④ 如果将 S2 的 E0/0/1 的开销值变小为 1000，那么可以减小该端口上的根路径开销，使 S2 的 E0/0/3 接口成为指定端口。

```
[S2]interface Ethernet0/0/1
[S2-Ethernet0/0/1]stp cost 1000
```

⑤ 查看 S2 的 STP 状态摘要信息，E0/0/3 接口已成为指定端口。

```
[S2]display stp brief
```

MSTID	Port	Role	STP State	Protection
0	Ethernet0/0/1	ROOT	FORWARDING	NONE
0	Ethernet0/0/2	DESI	DISCARDING	NONE
0	Ethernet0/0/3	DESI	DISCARDING	NONE

⑥ 为了确保 S2 的 E0/0/3 接口为指定端口（Designated），使用 "stp priority" 命令将 S3 的优先级更改为 4096。

```
[S3]stp priority 4096
[S3]display stp
-------[CIST Global Info][Mode MSTP]-------
CIST Bridge          :4096 .4c1f-cc62-78c2
```

⑦ 查看 S2 和 S3 的 STP 状态。从结果可以看出，虽然 S3 的优先级值比 S2 低，但是 S2 的 E0/0/3 仍然为指定端口。也就是说，指定端口的第一判断依据是根路径开销。

```
[S2]display stp brief
```

MSTID	Port	Role	STP State	Protection
0	Ethernet0/0/1	ROOT	FORWARDING	NONE
0	Ethernet0/0/2	DESI	FORWARDING	NONE
0	Ethernet0/0/3	DESI	FORWARDING	NONE

```
[S3]display stp brief
```

MSTID	Port	Role	STP State	Protection
0	Ethernet0/0/1	DESI	FORWARDING	NONE
0	Ethernet0/0/2	ROOT	FORWARDING	NONE
0	Ethernet0/0/3	ALTE	DISCARDING	NONE
0	Ethernet0/0/21	DESI	LEARNING	NONE

4.3　无线局域网配置

4.3.1　DHCP 基础配置

【原理描述】

动态主机配置协议（DHCP）是一个局域网的网络协议，使用 UDP 协议工作，主要有两个用途：用于内部网或网络服务供应商自动分配 IP 地址；给用户用于内部网管理员作为对所有计算机做中央管理的手段。DHCP 协议采用客户端/服务器（Client/Server）模型，主机地址的动态分配任务由网络主机驱动。

在支持 DHCP 功能的网络设备上将指定的端口作为 DHCP 客户端（DHCP Client），通过 DHCP 协议从 DHCP Server 动态获取 IP 地址等信息，来实现设备的集中管理。一般应用于网络设备的网络管理接口上。DHCP 服务器（DHCP Server）指的是由服务器控制一段 IP 地址范围，客户端登录服务器时就可以自动获得服务器分配的 IP 地址和子网掩码。

当 DHCP 服务器接收到来自网络主机申请地址的信息时，才会向网络主机发送相关的地址配置等信息，以实现网络主机地址信息的动态配置。DHCP 有 3 种机制分配 IP 地址。

① 自动分配方式（Automatic Allocation），DHCP 服务器为主机指定一个永久性的 IP 地址，一旦 DHCP 客户端第一次成功地从 DHCP 服务器端租用到 IP 地址后，就可以永久性地使用该地址。

② 动态分配方式（Dynamic Allocation），DHCP 服务器给主机指定一个具有时间限制的 IP 地址，时间到期或主机明确表示放弃该地址时，该地址可以被其他主机使用。

③ 手工分配方式（Manual Allocation），客户端的 IP 地址是由网络管理员指定的，DHCP 服务器只是将指定的 IP 地址告诉客户端主机。

3 种地址分配方式中，只有动态分配方式可以重复使用客户端不再需要的地址。

【实验目的】

① 掌握 DHCP Server 的配置方法。
② 掌握基于接口地址池的 DHCP Client 的配置方法。
③ 掌握查看客户端地址配置的方法。

【实验内容】

实验场景：在实验楼二层中，路由器 R1 为 DHCP Server，教务部门和人事部门的终端 PC 加入后，通过 DHCP 的方式自动获取 IP 地址。

实验要求：建立简单网络拓扑，对路由器配置 DHCP 服务器功能，并采用接口地址池的方式自动获取 IP 地址。

【实验配置】

1. 实验拓扑

AR2220 路由器一台，S3700 交换机两台，PC 两台。实验拓扑结构如图 4-9 所示。

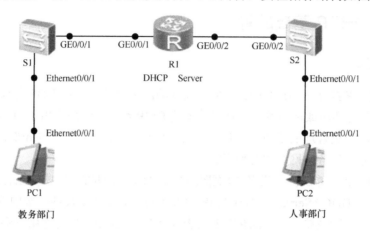

图 4-9　实验拓扑结构图

2. 设备编址

设备编址如表 4-5 所示。

表 4-5　设备编址

设　　备	接　　口	IP 地址	子网掩码	默认网关
PC1	Ethernet 0/0/1	DHCP 获取	DHCP 获取	DHCP 获取
PC2	Ethernet 0/0/1	DHCP 获取	DHCP 获取	DHCP 获取
R1	GE 0/0/1	192.168.1.1	255.255.255.0	N/A
（AR2220）	GE 0/0/1	192.168.2.1	255.255.255.0	N/A

【实验步骤】

第 1 步：基本配置。

① 启动所有设备。

② 使用 "interface" 命令进入路由器 R1 的接口视图，使用 "ip address" 命令设置 GE 0/0/1 和 GE 0/0/2 的 IP 地址。

```
[R1]interface GigabitEthernet 0/0/1
[R1-GigabitEthernet0/0/1]ip address 192.168.1.1 24
[R1-GigabitEthernet0/0/1]interface GigabitEthernet 0/0/2
[R1-GigabitEthernet0/0/2]ip address 192.168.2.1 24
```

由于终端是通过 DHCP 自动获取地址的，因此这里不能直接设置地址，也不能直接测试链路的连通性。

第 2 步：配置 DHCP Server 功能。

① 使用 "dhcp enable" 命令使路由器开启 DHCP 功能。

```
[R1]dhcp enable
```

② 进入接口后，使用"dhcp select interface"命令分别开启 R1 路由器 GE 0/0/1 和 GE 0/0/2 两个接口的 DHCP 服务功能。

[R1]interface GigabitEthernet 0/0/1
[R1-GigabitEthernet0/0/1]dhcp select interface
[R1-GigabitEthernet0/0/1]interface GigabitEthernet 0/0/2
[R1-GigabitEthernet0/0/2]dhcp select interface

此时，接口地址池可以动态分配 IP 地址，其范围是 IP 地址所对应的网段，且只在此接口下有效。当服务器收到客户端的请求后，服务器会根据接口地址池的网段给客户端分配 IP 地址。

③ 如果网络中有些地址是给固定用户使用的，那么也可以对这些地址段进行设置，使其不参与动态分配。在 GE 0/0/1 接口上，使用"dhcp server excluded-ip-address"命令设置 192.168.1.10 到 192.168.1.20 不参与动态分配。

[R1]interface GigabitEthernet 0/0/1
[R1-GigabitEthernet0/0/1]dhcp server excluded-ip-address 192.168.1.10 192.168.1.20

④ 在 GE 0/0/1 接口上使用"dhcp server dns-list"命令指定接口地址池下的 DNS 服务器，如设置为"6.6.6.6"。

[R1-GigabitEthernet0/0/1]dhcp server dns-list 6.6.6.6

第 3 步：配置 DHCP Client。

① 双击终端"PC1"图标，打开"基础配置"选项卡，选中"IPv4"配置中的"DHCP"单选按钮，单击"应用"按钮，如图 4-10 所示。

图 4-10　终端 DHCP 配置

② 选择"命令行"选项卡，输入"ipconfig"命令，可以查看接口的 IP 地址。此时已经为该终端分配的地址为 192.168.1.254，网关地址为对应路由器的接口地址 192.168.1.1，DNS 服务器地址为之前设置的 6.6.6.6。

同样，可以查看 PC2 的 IP 地址分配。

PC>ipconfig

Link local IPv6 address...........: fe80::5689:98ff:fe3a:26b1

```
IPv6 address.......................: :: / 128
IPv6 gateway......................: ::
IPv4 address......................: 0.0.0.0
Subnet mask......................: 0.0.0.0
Gateway...........................: 192.168.1.1
Physical address................: 54-89-98-3A-26-B1
DNS server.......................: 6.6.6.6
```

③ 使用"display ip pool"命令查看 DHCP 地址池中的地址分配情况。从结果可以看到，目前有两个地址池，名称为两个接口 GE 0/0/1 和 GE 0/0/2。网关分别为设置的 192.168.1.1 和 192.168.2.1，掩码都为 24 位，即 255.255.255.0。总的 IP 地址数为 506 个，其中两个已用，11 个不可用，还剩下 493 个可用。

```
[R1]display ip pool

----------------------------------------------------------------
   Pool-name          : GigabitEthernet0/0/1
   Pool-No            : 0
   Position           : Interface         Status          : Unlocked
   Gateway-0          : 192.168.1.1
   Mask               : 255.255.255.0
   VPN instance       : --

----------------------------------------------------------------
   Pool-name          : GigabitEthernet0/0/2
   Pool-No            : 1
   Position           : Interface         Status          : Unlocked
   Gateway-0          : 192.168.2.1
   Mask               : 255.255.255.0
   VPN instance       : --

   IP address Statistic
     Total       :506
     Used        :2             Idle       :493
Expired      :0          Conflict     :0          Disable    :11
```

4.3.2 WLAN 基础配置

【原理描述】

随着无线通信技术的迅速发展，WLAN 的应用越来越广泛。WLAN 的定义有广义和狭义两种：广义定义是指以各种无线电波（如激光、红外线等）的无线信道来代替有线局域网中的部分或全部传输介质所构成的网络；狭义定义是指基于 IEEE 802.11 系列标准，利用高频无线射频（如 2.4GHz 或 5GHz 频段的无线电磁波）作为传输介质的无线局域网。人们日常生活中的 WLAN，通常是指狭义定义的 WLAN。

在 WLAN 的发展过程中，其实现技术的标准有很多，如蓝牙、802.11 系列、HyperLAN2

等。而 802.11 系列标准由于其实现技术相对简单、通信可靠、灵活性高和实现成本相对较低等特点，成为 WLAN 的主流技术标准，且 802.11 系列标准也成为 WLAN 技术标准的代名词。

IEEE 802.11 是无线局域网通用的标准，由 IEEE（美国电气和电子工程师协会，Institute of Electrical and Electronics Engineers）于 1997 年公告的无线局域网标准，其定义了媒体访问控制层（MAC 层）和物理层。无线终端运行 802.11 协议接入 AP（Wireless Access Point，无线访问接入点）后连接到网络中，接入过程主要包括扫描、链路认证、身份认证和关联等几个阶段。

AP 就是传统有线网络中的 HUB，也是组建小型无线局域网时最常用的设备。AP 相当于一个连接有线网和无线网的桥梁，其主要作用是将各个无线网络客户端连接到一起，然后将无线网络接入以太网。

无线 AP 可以理解成最末端的无线交换机，其分类主要有以下 3 种方式。

① 按功率分：大功率无线 AP、小功率无线 AP。

② 按连接数：胖 AP、瘦 AP。

③ 按用途分：RM2028 工业级无线 AP、家用无线路由(AP)。

WLAN 有以下两种基本架构。

① FAT AP（FAT Access Point）架构，又称为自治式网络架构，中文称为胖接入点，也有很多人直接称为胖 AP。FAT AP 不仅可以发射射频提供无线信号供无线终端接入，还能独立完成安全加密、用户认证和用户管理等管控功能。在家庭 WLAN 或小企业 WLAN 的使用场景中，FAT AP 往往是最合适的选择。

② AC FIT AP（FIT Access Point）架构，又称为集中式网络架构，中文称为瘦接入点，也有很多人直接称为瘦 AP。瘦 AP 除提供无线射频信号之外，基本不具备管控功能。为了实现 WLAN 的功能，除 FIT AP 之外，还需要具备管理控制功能的设备 AC（Access Controller，无线接入控制器）。AC 的主要功能是对 WLAN 中的所有 FIT AP 进行管理和控制，AC 不能发射无线射频信号，和 FIT AP 配合共同完成 WLAN 功能。一般适用于中大型使用场景。根据 AC 所管控的区域和吞吐量的不同，AC 既可以出现在汇聚层，也可以出现在核心层，而 FIT AP 一般部署在接入层和企业分支。

相较于家庭 WLAN 应用场景，有较大用户数量的企业则更多地使用集中控制的 WLAN 组网。AC 对网络中关联的 AP 进行集中管理和控制，AP 和 AC 之间运行无线接入点控制和配置（Control And Provisioning of Wireless Access Points，CAPWAP）协议，该协议使 AP 通过建立 CAPWAP 隧道从 AC 上获得配置。AC 本身不能发射无线射频信号，它和 AP 配合共同完成 WLAN 系统功能。

【实验目的】

① 理解 WLAN 的基本工作原理。

② 掌握简单 WLAN 中 AC 的配置方法。

③ 掌握 WLAN 中交换机的配置。

【实验内容】

实验场景：教务部门购置了一台 AP，并准备了一台 AC 做管理。要求 AP 加入接入层交换机。

实验要求：建立网络拓扑，对 AC 进行配置，使用 DHCP 方式分配给 AP 地址，使移动客户端能够自由接入 AP。

【实验配置】

1．实验拓扑

S5700 交换机一台，AC6005 接入控制器一台，AR1220 路由器一台，AP2050 无线接入器一台，笔记本模拟器一台。网络拓扑结构如图 4-11 所示。

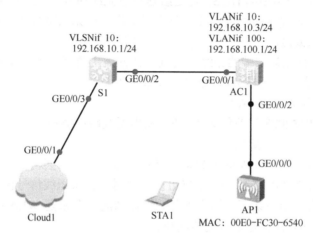

图 4-11　实验拓扑结构图

2．设备编址

设备编址和设备 MAC 地址分别如表 4-6 和表 4-7 所示。

表 4-6　设备编址

设　　备	接口/VLAN	IP 地址	子网掩码	作　　用
S1 （S5700）	GE0/0/2 VLAN10	192.168.10.1	255.255.255.0	接外网
AC1 （AC6005）	GE0/0/1 VLAN 10	192.168.10.3	255.255.255.0	业务 VLAN
	GE0/0/2 VLAN 100	192.168.100.1	255.255.255.0	管理 VLAN

表 4-7　设备 MAC 地址

设　　备	MAC 地址
AP1（AP2050）	00E0-FC30-6540

【实验步骤】

第 1 步：注册设备。在构建网络拓扑前，在菜单栏中选择"工具"→"注册设备"选项，选中所有设备前的复选框，单击"注册"按钮，如图 4-12 所示。

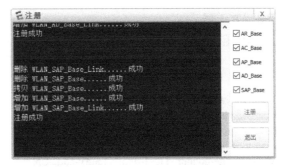

图 4-12　注册设备

第 2 步：设备配置。

（1）AC1 上端口 VLAN 的配置

① 使用"dhcp enable"命令打开 DHCP 总开关，使用"vlan batch 10 100"命令加入 VLAN 10 和 VLAN 100。其中 VLAN 10 为业务 VLAN，VLAN 100 为管理 VLAN。

```
<AC1>system-view
[AC1]dhcp enable
[AC1]vlan batch 10 100
```

② 设置接口类型。配置 AC 连接 AP 的端口类型为 Trunk，并修改 PVID 为管理 VLAN 100。

```
[AC1]interface GigabitEthernet0/0/1
[AC1-GigabitEthernet0/0/1]port link-type trunk
[AC1-GigabitEthernet0/0/1]port trunk allow-pass vlan all
[AC1-GigabitEthernet0/0/1]interface GigabitEthernet0/0/2
[AC1-GigabitEthernet0/0/2]port link-type trunk
[AC1-GigabitEthernet0/0/2]port trunk pvid vlan 100
[AC1-GigabitEthernet0/0/2]port trunk allow-pass vlan all
```

③ 创建地址池。

```
[AC1-GigabitEthernet0/0/2]ip pool TEST
[AC1-ip-pool-TEST]gateway-list 192.168.10.254
[AC1-ip-pool-TEST]network 192.168.10.0 mask 255.255.255.0
[AC1-ip-pool-TEST]excluded-ip-address 192.168.10.201 192.168.10.253
[AC1-ip-pool-TEST]dns-list 192.168.10.254
```

④ 配置 VLANIF 接口的 DHCP 功能。

使用"interface Vlanif"命令创建 VLANIF 接口。

使用"ip address"命令配置 VLAN 的 IP 地址，其中 24 为掩码。

在业务 VLAN 10 中，使用"dhcp select global"命令配置 PC 启用全局地址池方式的 DHCP 服务器功能。

在管理 VLAN 100 中，使用"dhcp select interface"命令配置 AP 启用接口地址池方式的 DHCP 服务器功能。

```
[AC1-ip-pool-TEST]interface Vlanif 10
[AC1-Vlanif10]ip address 192.168.10.3 24
[AC1-Vlanif10]dhcp select global

[AC1-Vlanif10]interface Vlanif100
[AC1-Vlanif100]ip address 192.168.100.1 24
[AC1-Vlanif100]dhcp select interface
```

（2）配置 AP 上线

① 创建 AP 组。使用 "ap-group name <group-name>" 命令创建 AP 组，从而将相同配置的 AP 都加入同一个 AP 组中，其中<group-name>为用户需要设置的 AP 组名称，在这里设置为 "TEST-ap1"。

```
[AC1-Vlanif100]wlan
[AC1-wlan-view]ap-group name TEST-ap1
[AC1-wlan-ap-group-TEST-ap1]quit
[AC1-wlan-view]regulatory-domain-profile name TEST-dom
[AC1-wlan-regulate-domain-TEST-dom]country-code CN
[AC1-wlan-regulate-domain-TEST-dom]quit
```

② 配置 AC 的源接口。在 WLAN 视图下，指定与 AP 建立管理隧道的源接口。在 eNSP 的 1.2.00.510 版本中，使用 "capwap source interface vlanif 100" 命令，如果是 1.2.00.500 版本，使用 "wlan ac source interface Vlanif 100" 命令，指定 AC 的源 IP 地址，也就是用该地址与 AP 建立 CAPWAP 隧道。

```
[AC1]capwap source interface vlanif 100
```

③ 配置认证模式。

AP 的认证模式有以下 3 种。

a. mac-auth：MAC 认证模式。默认为这种方式。

b. no-auth：无认证。

c. sn-auth：SN 认证模式。

如果要改变当前 AP 认证模式，可以使用 "ap auth-mode < auth-mode >" 命令来重新配置，如 ap auth-mode no-auth。这里还是使用 MAC 认证。

```
[AC1]wlan
[AC1-wlan-view]ap auth-mode mac-auth
```

④ 设置 AP 名称并加入对应组。

使用 "ap-id <ap id> ap-mac < ap mac >" 命令加入对应的 AP 并进入 AP 视图进行参数配置。这里设置设备索引号 0 号对应 AP1，其 MAC 地址为 00e0-fc30-6540。后续可以使用 "ap-id <ap id>" 命令进入对应的 AP 视图。

使用 "ap-name" 命令将 AP1 命名为 "TEST-A"，使用 "ap-group" 命令将 AP 加入 TEST-ap1 组中。

```
[AC1-wlan-view]ap-id 0 ap-mac 00e0-fc30-6540
[AC1-wlan-ap-0]ap-name TEST-A
[AC1-wlan-ap-0]ap-group TEST-ap1
[AC1-wlan-ap-0]quit
```

⑤ 将 AP 上电后，当执行 "display ap all" 命令查看到 AP 的 "State" 字段为 "nor" 时，表示 AP 正常上线。

```
<AC1>display ap all
Info: This operation may take a few seconds. Please wait for a moment.done.
Total AP information:
nor  : normal        [1]
```

ID	MAC	Name	Group	IP	Type		State	STA	Uptime
0	00e0-fc30-6540	TEST-A	TEST-ap1	192.168.100.50	AP2050DN		nor	0	14S

```
Total: 1
```

（3）配置 WLAN 的业务参数

① 配置安全模板。使用"security-profile name <profile-name>"命令创建安全模板，安全模板创建后，模板内的参数均自动配置为默认值，默认配置为不认证和不加密。

```
[AC]wlan
[AC-wlan-view] security-profile name TEST
```

在安全策略上，目前 WPA（Wi-Fi Protected Access，保护无线计算机网络安全系统）加密有 4 种认证方式：WPA、WPA-PSK、WPA2、WPA2-PSK。采用的加密算法有两种：AES（Advanced Encryption Standard，高级加密算法）和 TKIP（Temporal Key Integrity Protocol，临时密钥完整性协议）。一般在家庭无线路由器设置页面上，选择使用 WPA-PSK 或 WPA2-PSK 认证类型即可，对应设置的共享密码尽可能长些，并且在经过一段时间之后更换共享密码，确保家庭无线网络的安全。

在这里指定安全策略为 WPA2，同时配置预共享密钥 PSK（Pre-Shared Key，PSK），加密算法使用 AES。使用"security wpa2 psk pass-phrase 1234567890 aes"命令设置密码为 1234567890。这时系统会提示密码太简单，建议加入大、小写字母及特殊字符。如果仍然坚持，可以选择"y"。

```
[AC1-wlan-sec-prof-TEST]security wpa2 psk pass-phrase 1234567890 aes
Warning: The current password is too simple. For the sake of security, you are a
dvised to set a password containing at least two of the following: lowercase let
ters a to z, uppercase letters A to Z, digits, and special characters. Continue?
 [Y/N]:y

[AC-wlan-sec-prof-wlan-security] quit
```

② 创建 SSID 模板。SSID（Service Set Identifier，服务集标识）技术可以将一个无线局域网分为几个需要不同身份验证的子网络，每一个子网络都需要独立的身份验证，只有通过身份验证的用户才可以进入相应的子网络，防止未被授权的用户进入本网络。通俗地说，SSID 便是给无线网络所定义的名称。

```
[AC1-wlan-view]ssid-profile name TEST
[AC1-wlan-ssid-prof-TEST]ssid TEST
[AC1-wlan-ssid-prof-TEST]quit
```

③ 创建 VAP 模板 TEST。VAP（Virtual Access Point，虚拟接入点）就是在一个物理实体 AP 上虚拟出多个 AP，每一个被虚拟出的 AP 就是一个 VAP，每个 VAP 提供和物理实体 AP 一样的功能。用户可以在一个 AP 上创建不同的 VAP 来为不同的用户群体提供无线接入服务。

配置业务数据转发模式为隧道模式，绑定业务 VLAN 10，并且引用安全模板和 SSID 模板。

```
[AC1-wlan-view]vap-profile name TEST
[AC1-wlan-vap-prof-TEST]forward-mode tunnel
[AC1-wlan-vap-prof-TEST]service-vlan vlan-id 10
[AC1-wlan-vap-prof-TEST]security-profile TEST
[AC1-wlan-vap-prof-TEST]ssid-profile TEST
[AC1-wlan-vap-prof-TEST]q
```

④ 配置 AP 组引用 VAP 模板。AP 上射频 0 使用 VAP 模板的配置，因为实验中只有一个 AP，所以使用射频 0。

```
[AC1-wlan-view]ap-group name TEST-ap1
[AC1-wlan-ap-group-TEST-ap1]vap-profile wlan-vap wlan 1 radio 0
```

[AC1-wlan-ap-group-TEST-ap1]vap-profile TEST wlan 1 radio 0
[AC1-wlan-ap-group-TEST-ap1]q

⑤ WLAN 业务配置会自动下发给 AP，配置完成后，通过执行"display vap ssid TEST"
命令查看如下信息，当"Status"项显示为"ON"时，表示 AP 对应的射频上的 VAP 已创
建成功。

```
<AC1>display vap ssid TEST
Info: This operation may take a few seconds, please wait.
WID : WLAN ID
--------------------------------------------------------------------
AP ID AP name RfID WID   BSSID            Status  Auth type   STA    SSID
--------------------------------------------------------------------
0     TEST-A   0    1    00E0-FC30-6540 ON        WPA2-PSK    1      TEST
--------------------------------------------------------------------
Total: 1
```

第 3 步：测试连接。各设备参数设置完毕后，等待一段时间出现如图 4-13 所示的无线信
号覆盖范围。在图中，可以在无线信号范围右侧看到该网络相关信息，如信道、射频和速率。

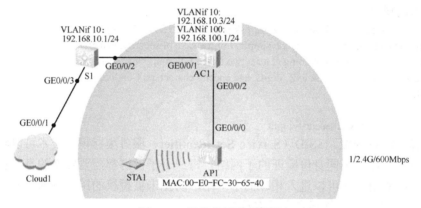

图 4-13 无线信号覆盖范围

① 双击移动终端"STA1"图标，对所连接的无线网络进行连接，输入之前设置的密
码（1234567890）进行连接，如图 4-14 所示。

图 4-14 STA1 连接网络操作

连接成功后即可看到无线信号，即 STA1 通过无线信号与 AP 相连，如图 4-15 所示。

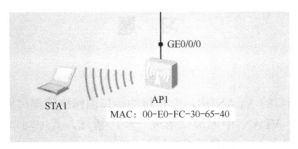

图 4-15　STA1 通过无线信号连接 AP

② 在 AC 中使用"display ap all"命令查看所有 AP 的情况。可以看到，MAC 地址为 00e0-fc30-6540 的 TEST-A 分配到的 IP 地址为 192.168.100.50，当网络的状态为 normal 时，表示 AP 已经上线（normal）；STA 表示该 AP 接入的客户端（station）的个数；Upt 表示 AP 设备已经上线的时间（uptime）。

```
<AC1>display ap all
Info: This operation may take a few seconds. Please wait for a moment.done.
Total AP information:
nor   : normal              [1]
-------------------------------------------------------------------------------------------------
ID    MAC            Name    Group    IP       Type        State  STA  Upt
ime
-------------------------------------------------------------------------------------------------
0     00e0-fc30-6540 TEST-A TEST-ap1 192.168.100.50 AP2050DN      nor    1    48M
:32S
-------------------------------------------------------------------------------------------------
Total: 1
```

在 AP 上使用"display ip interface brief"命令也可以查看接口情况。

```
<TEST-A>display ip interface brief
*down: administratively down
^down: standby
(l): loopback
(s): spoofing
(E): E-Trunk down
The number of interface that is UP in Physical is 2
The number of interface that is DOWN in Physical is 0
The number of interface that is UP in Protocol is 2
The number of interface that is DOWN in Protocol is 0

Interface                IP Address/Mask        Physical    Protocol
NULL0                    unassigned             up          up(s)
Vlanif1                  192.168.100.50/24      up          up
```

习 题

一、单选题

1. 在一个基于端口的 VLAN 中，交换机的端口由网络管理员划分为组，每个组构成一个 VLAN，在每个 VLAN 中的端口形成一个广播域，其中端口的链路类型可以分为 Access、Hybrid、Trunk。Access 类型端口属于（　　　）。

    A．1 个 VLAN   B．2 个 VLAN   C．3 个 VLAN   D．多个 VLAN

2. 在一个基于端口的 VLAN 中，交换机的端口由网络管理员划分为组，每个组构成一个 VLAN，在每个 VLAN 中的端口形成一个广播域，其中（　　　）类型的端口只属于 1 个 VLAN。

    A．Trunk   B．Hybrid   C．Access   D．Block

3. "dhcp select global" 命令用于配置 PC 启用（　　）方式的 DHCP 服务器功能。

    A．全局地址池   B．接口地址池   C．指定地址池   D．禁用地址池

4. "dhcp select interface" 命令用于配置 AP 启用（　　）方式的 DHCP 服务器功能。

    A．全局地址池   B．接口地址池   C．指定地址池   D．禁用地址池

5. 以下命令用于配置 VLAN 2 为（　　　）。

[S1-vlan3]subordinate group 2

    A．隔离型从 VLAN   B．管理型从 VLAN

    C．联合型从 VLAN   D．互通型从 VLAN

6. 如果不做配置，AP 支持的默认认证模式为（　　　）。

    A．MAC 认证模式   B．无认证   C．SN 认证模式

二、多选题

1. MUX VLAN 提供了一种通过 VLAN 进行网络资源控制的机制，它可以分为主 VLAN 和从 VLAN，从 VLAN 又分为（　　　）

    A．隔离型从 VLAN   B．管理型从 VLAN

    C．联合型从 VLAN   D．互通型从 VLAN

2. 在一个基于端口的 VLAN 中，交换机的端口由网络管理员划分为组，每个组构成一个 VLAN，在每个 VLAN 中的端口形成一个广播域，其中端口的链路类型可以分为（　　　）。

    A．Access   B．Hybrid   C．Trunk   D．Block

3. 在 STP 协议中，交换机的端口有（　　　）状态。

    A．阻塞   B．监听   C．学习   D．转发

    E．禁用

4. STP 的端口角色有（　　　）。

    A．根端口   B．指定端口   C．禁用端口   D．阻塞端口

第 5 章　网际互联网组网配置实验

互联网是由各种同构或异构的网络通过路由器互联而构成的庞大网络。路由器的两大核心功能是选路和转发。其中，选路是通过运行 RIP、OSPF 等路由协议确定分组传输路径的过程。选路的结果是生成路由表或转发表。转发则是通过查询路由表将收到的分组移动到适当的输出接口的过程。路由器构建路由表的方式通常有两种：静态路由和动态路由（由路由协议实时更新路由）。在许多情况下，路由器综合使用静态路由和动态路由。

本章介绍静态路由的配置方法，以及 RIP 和 OSPF 协议配置方法。

5.1　静态路由配置

5.1.1　简单静态路由配置

【原理描述】

网络中的每个路由器都会维护一张路由表或转发表。路由表的表项记录着目的网络信息及下一跳 IP 地址。路由表可以手动配置，也可以通过路由算法动态生成。静态路由是指由用户或网络管理员手动配置的路由。相比于动态路由协议，静态路由无须在路由器之间频繁地交互路由表，具有配置简单、便于维护、可控性强等特点，适用于小型、简单的网络环境。

默认路由是一种特殊的静态路由，当路由表中没有与 IP 数据报目的地址匹配的表项时，数据报将根据默认路由条目进行转发。默认路由在某些时候非常有效，如在末梢网络中，默认路由可以大大简化路由器配置，减轻网络管理员的工作负担。

【实验目的】

① 掌握配置静态路由的方法。
② 掌握测试静态路由连通性的方法。
③ 掌握配置默认路由的方法。
④ 掌握测试默认路由连通性的方法。

【实验内容】

某公司要用 3 台路由器将位于 3 个区域的设备相互连接起来，3 个路由器各连接一个区域的子网，要求能够实现 3 个子网内主机之间的正常通信。本实验将通过配置基本的静态路由和默认路由来实现。

【实验配置】

1. 实验设备

路由器 AR2220 3 台，PC 3 台。

2. 实验网络拓扑

实验网络拓扑如图 5-1 所示。

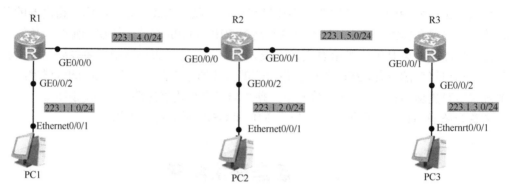

图 5-1　实验网络拓扑图

3. 编址配置

设备接口编址配置如表 5-1 所示。

表 5-1　设备接口编址配置

设备名称	接　　口	IP 地址	子网掩码	默认网关
R1	GE 0/0/0	223.1.4.1	255.255.255.0	—
（AR2220）	GE 0/0/2	223.1.1.254	255.255.255.0	—
R2	GE 0/0/0	223.1.4.2	255.255.255.0	—
	GE 0/0/1	223.1.5.1	255.255.255.0	—
（AR2220）	GE 0/0/2	223.1.2.254	255.255.255.0	—
R3	GE 0/0/1	223.1.5.2	255.255.255.0	—
（AR2220）	GE 0/0/2	223.1.3.254	255.255.255.0	—
PC1	Ethernet 0/0/1	223.1.1.1	255.255.255.0	223.1.1.254
PC2	Ethernet 0/0/1	223.1.2.1	255.255.255.0	223.1.2.254
PC3	Ethernet 0/0/1	223.1.3.1	255.255.255.0	223.1.3.254

【实验步骤】

第 1 步：新建网络拓扑图。
第 2 步：配置好 PC1~PC3 的网络参数。
第 3 步：为路由器 R1、R2、R3 配置端口 IP 地址。
第 4 步：通过 ping 验证三台主机之间的连通性。
在 PC1 命令行输入"ping"命令，测试到 PC2 的连通性。

```
PC>ping 223.1.2.1
Ping 223.1.2.1: 32 data bytes, Press Ctrl_C to break
Request timeout!
Request timeout!
Request timeout!
Request timeout!
Request timeout!
--- 223.1.2.1 ping statistics ---
    5 packet(s) transmitted
    0 packet(s) received
    100.00% packet loss
```

实验发现 PC1 到 PC2 无法连通。这是因为 PC1 与 PC2 之间跨越了若干个不同网段，只通过简单的 IP 地址等基本配置无法实现不同网段之间的互通，必须要在 3 台路由器上添加相应的路由信息。可以通过配置静态路由来实现。

第 5 步：为 R1 和 R2 配置静态路由。

PC1 要想和 PC2 通信，需要在 R1 上配置目的网段为 PC2 所在网段的静态路由，即目的地址为 223.1.2.0，掩码为 255.255.255.0。对于 R1 而言，要发送数据到主机 PC2，必须先发送给 R2，所以 R2 即为 R1 的下一跳路由器，R2 上与 R1 连接的物理接口的 IP 地址即为下一跳 IP 地址，即 223.1.4.2。

① 用 "ip route-static" 命令配置 R1 的下一跳 IP 地址。

[R1]ip route-static 223.1.2.0 255.255.255.0 223.1.4.2

配置完成后，查看 R1 上的路由表。

```
[R1]display ip routing-table
Route Flags: R - relay, D - download to fib
--------------------------------------------------------------------------------
Routing Tables: Public
         Destinations : 11        Routes : 11
```

Destination/Mask	Proto	Pre	Cost	Flags	NextHop	Interface
127.0.0.0/8	Direct	0	0	D	127.0.0.1	InLoopBack0
127.0.0.1/32	Direct	0	0	D	127.0.0.1	InLoopBack0
127.255.255.255/32	Direct	0	0	D	127.0.0.1	InLoopBack0
223.1.1.0/24	Direct	0	0	D	223.1.1.254	GigabitEthernet0/0/2
223.1.1.254/32	Direct	0	0	D	127.0.0.1	GigabitEthernet0/0/2
223.1.1.255/32	Direct	0	0	D	127.0.0.1	GigabitEthernet0/0/2
223.1.2.0/24	Static	60	0	RD	223.1.4.2	GigabitEthernet0/0/0
223.1.4.0/24	Direct	0	0	D	223.1.4.1	GigabitEthernet0/0/0
223.1.4.1/32	Direct	0	0	D	127.0.0.1	GigabitEthernet0/0/0
223.1.4.255/32	Direct	0	0	D	127.0.0.1	GigabitEthernet0/0/0
255.255.255.255/32	Direct	0	0	D	127.0.0.1	InLoopBack0

从 R1 的路由表中可以查看到主机 PC2 所在网段的路由信息。

② 采用同样的方式在 R2 上配置目的网段为主机 PC1 的反向路由信息，即目的 IP 地址为 223.1.1.0，目的地址的掩码除了可以采用点分十进制表示，还可以直接使用掩码长度，

也就是 24 来表示。对于 R2 而言，要发送数据到 PC1，则必须发送给 R1，所以 R1 与 R2 连接的物理接口的 IP 地址即为下一跳 IP 地址，即 223.1.4.1。

```
[R2]ip route-static 223.1.1.0 24 223.1.4.1
```

配置完成后，查看 R2 的路由表。

```
[R2]display ip routing-table
Route Flags: R - relay, D - download to fib
-------------------------------------------------------------------------
Routing Tables: Public
               Destinations : 14          Routes : 14
```

Destination/Mask	Proto	Pre	Cost	Flags	NextHop	Interface
127.0.0.0/8	Direct	0	0	D	127.0.0.1	InLoopBack0
127.0.0.1/32	Direct	0	0	D	127.0.0.1	InLoopBack0
127.255.255.255/32	Direct	0	0	D	127.0.0.1	InLoopBack0
223.1.1.0/24	Static	60	0	D	223.1.4.1	GigabitEthernet0/0/0
223.1.2.0/24	Direct	0	0	D	223.1.2.254	GigabitEthernet0/0/2
223.1.2.254/32	Direct	0	0	D	127.0.0.1	GigabitEthernet0/0/2
223.1.2.255/32	Direct	0	0	D	127.0.0.1	GigabitEthernet0/0/2
223.1.4.0/24	Direct	0	0	D	223.1.4.2	GigabitEthernet0/0/0
223.1.4.2/32	Direct	0	0	D	127.0.0.1	GigabitEthernet0/0/0
223.1.4.255/32	Direct	0	0	D	127.0.0.1	GigabitEthernet0/0/0
223.1.5.0/24	Direct	0	0	D	223.1.5.1	GigabitEthernet0/0/1
223.1.5.1/32	Direct	0	0	D	127.0.0.1	GigabitEthernet0/0/1
223.1.5.255/32	Direct	0	0	D	127.0.0.1	GigabitEthernet0/0/1
255.255.255.255/32	Direct	0	0	D	127.0.0.1	InLoopBack0

从 R2 的路由表中可以查看到主机 PC1 所在网段的路由信息。

③ 在主机 PC1 上 ping 主机 PC2。

```
PC>ping 223.1.2.1
Ping 223.1.2.1: 32 data bytes, Press Ctrl_C to break
From 223.1.2.1: bytes=32 seq=1 ttl=126 time=31 ms
From 223.1.2.1: bytes=32 seq=2 ttl=126 time=31 ms
From 223.1.2.1: bytes=32 seq=3 ttl=126 time=31 ms
From 223.1.2.1: bytes=32 seq=4 ttl=126 time=63 ms
From 223.1.2.1: bytes=32 seq=5 ttl=126 time=31 ms
--- 223.1.2.1 ping statistics ---
    5 packet(s) transmitted
    5 packet(s) received
    0.00% packet loss
    round-trip min/avg/max = 31/37/63 ms
```

此时发现 PC1 可以 ping 通 PC2，说明现在已经实现了主机 PC1 与 PC2 之间的通信。

第 6 步：配置 R1、R2、R3。可以使用同样的方法再次配置 R1、R2、R3，使得 PC1、PC2 和 PC3 之间都能够通信。

第 7 步：使用默认路由实现简单的网络优化。默认路由是一种特殊的静态路由，使用默认路由可以简化路由器上的配置。例如，查看此时路由器 R1 上的路由表。

```
<R1>display ip routing-table
Route Flags: R - relay, D - download to fib
------------------------------------------------------------------------------
Routing Tables: Public
        Destinations : 12       Routes : 12
Destination/Mask    Proto   Pre  Cost      Flags NextHop      Interface
      127.0.0.0/8   Direct  0    0         D     127.0.0.1    InLoopBack0
      127.0.0.1/32  Direct  0    0         D     127.0.0.1    InLoopBack0
127.255.255.255/32  Direct  0    0         D     127.0.0.1    InLoopBack0
      223.1.1.0/24  Direct  0    0         D     223.1.1.254  GigabitEthernet0/0/2
    223.1.1.254/32  Direct  0    0         D     127.0.0.1    GigabitEthernet0/0/2
    223.1.1.255/32  Direct  0    0         D     127.0.0.1    GigabitEthernet0/0/2
      223.1.2.0/24  Static  60   0         RD    223.1.4.2    GigabitEthernet0/0/0
      223.1.3.0/24  Static  60   0         RD    223.1.4.2    GigabitEthernet0/0/0
      223.1.4.0/24  Direct  0    0         D     223.1.4.1    GigabitEthernet0/0/0
      223.1.4.1/32  Direct  0    0         D     127.0.0.1    GigabitEthernet0/0/0
    223.1.4.255/32  Direct  0    0         D     127.0.0.1    GigabitEthernet0/0/0
255.255.255.255/32  Direct  0    0         D     127.0.0.1    InLoopBack0
```

　　R1 上存在两条静态路由条目，是之前通过手动配置的，这两条静态路由的下一跳和输出端口都一致，可以使用一条默认路由来替代这两条静态路由。在 R1 上配置一条默认路由，目的网段和掩码全为 0，表示任何网络，下一跳为 223.1.4.2，然后删除之前配置的两条静态路由。

```
[R1]ip route-static 0.0.0.0 0.0.0.0 223.1.4.2
[R1]undo ip route-static 223.1.2.0 24 223.1.4.2
[R1]undo ip route-static 223.1.3.0 24 223.1.4.2
```

配置完成之后，再次查看 R1 的路由表。

```
[R1]display ip routing-table
Route Flags: R - relay, D - download to fib
------------------------------------------------------------------------------
Routing Tables: Public
        Destinations : 11       Routes : 11
Destination/Mask    Proto   Pre  Cost      Flags NextHop      Interface
        0.0.0.0/0   Static  60   0         RD    223.1.4.2    GigabitEthernet0/0/0
      127.0.0.0/8   Direct  0    0         D     127.0.0.1    InLoopBack0
      127.0.0.1/32  Direct  0    0         D     127.0.0.1    InLoopBack0
127.255.255.255/32  Direct  0    0         D     127.0.0.1    InLoopBack0
      223.1.1.0/24  Direct  0    0         D     223.1.1.254  GigabitEthcrnct0/0/2
    223.1.1.254/32  Direct  0    0         D     127.0.0.1    GigabitEthernet0/0/2
    223.1.1.255/32  Direct  0    0         D     127.0.0.1    GigabitEthernet0/0/2
      223.1.4.0/24  Direct  0    0         D     223.1.4.1    GigabitEthernet0/0/0
      223.1.4.1/32  Direct  0    0         D     127.0.0.1    GigabitEthernet0/0/0
    223.1.4.255/32  Direct  0    0         D     127.0.0.1    GigabitEthernet0/0/0
255.255.255.255/32  Direct  0    0         D     127.0.0.1    InLoopBack0
```

可以发现，此时的路由表中多了一条默认路由，而没有了之前的两条静态路由。再次测试主机 PC1 与 PC2 和 PC3 之间的连通性。

```
PC>ping 223.1.2.1
Ping 223.1.2.1: 32 data bytes, Press Ctrl_C to break
From 223.1.2.1: bytes=32 seq=1 ttl=126 time=16 ms
From 223.1.2.1: bytes=32 seq=2 ttl=126 time=15 ms
From 223.1.2.1: bytes=32 seq=3 ttl=126 time=15 ms
From 223.1.2.1: bytes=32 seq=4 ttl=126 time=16 ms
From 223.1.2.1: bytes=32 seq=5 ttl=126 time=31 ms
--- 223.1.2.1 ping statistics ---
    5 packet(s) transmitted
    5 packet(s) received
    0.00% packet loss
    round-trip min/avg/max = 15/18/31 ms

PC>ping 223.1.3.1
Ping 223.1.3.1: 32 data bytes, Press Ctrl_C to break
From 223.1.3.1: bytes=32 seq=1 ttl=125 time=31 ms
From 223.1.3.1: bytes=32 seq=2 ttl=125 time=16 ms
From 223.1.3.1: bytes=32 seq=3 ttl=125 time=15 ms
From 223.1.3.1: bytes=32 seq=4 ttl=125 time=31 ms
From 223.1.3.1: bytes=32 seq=5 ttl=125 time=32 ms
--- 223.1.3.1 ping statistics ---
    5 packet(s) transmitted
    5 packet(s) received
    0.00% packet loss
    round-trip min/avg/max = 15/25/32 ms
```

发现主机 PC1 到 PC2 和 PC3 之间的通信正常，说明使用默认路由不仅能够达到和静态路由一样的效果，还能够减少配置量。同样的配置在 R3 上也可以进行。

注意：

① 对于使用以太网接口的路由器，在配置静态路由时，为了保证路由的正确性，应明确指明下一跳地址，而不要直接指定输出端口。

② 在配置默认路由过程中，配置顺序是先配置默认路由，再删除原有的静态路由，这样可以避免网络出现连接中断。

5.1.2　浮动静态路由

【原理描述】

浮动静态路由也是一种特殊的静态路由，主要考虑到链路冗余。浮动静态路由通过配置一条比主路由优先级低的静态路由，用于保证在主路由失效的情况下，能够提供备份路由。正常情况下，备份路由不会在路由表中出现，当主路由失效时，备份路由开始生效。

【实验目的】

① 掌握配置浮动静态路由的方法。

② 掌握测试浮动静态路由的方法。

【实验内容】

某公司要用两台路由器将位于两个区域的设备相互连接起来，两个路由器各连接一个区域的子网，要求能够实现两个子网内主机之间的正常通信。其中，两个路由器之间通过 GE 接口连接的链路为主链路，通过 SE 接口连接的链路为备用链路。本实验使用浮动静态路由来实现。

【实验配置】

1．实验设备

路由器 AR2220 两台，PC 两台。

2．实验网络拓扑

实验网络拓扑如图 5-2 所示。

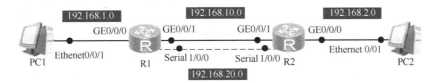

图 5-2　实验网络拓扑图

3．编址配置

设备接口编址配置如表 5-2 所示。

表 5-2　设备接口编址

设备名称	接　　口	IP 地址	子网掩码	默认网关
R1 （AR2220）	GE 0/0/0	192.168.1.2	255.255.255.0	—
	GE 0/0/1	192.168.10.1	255.255.255.0	—
	Serial 1/0/0	192.168.20.1	255.255.255.0	
R2 （AR2220）	GE 0/0/0	192.168.2.2	255.255.255.0	—
	GE 0/0/1	192.168.10.2	255.255.255.0	—
	Serial 1/0/0	192.168.20.2	255.255.255.0	
PC1	Ethernet 0/0/1	192.168.1.1	255.255.255.0	192.168.1.2
PC2	Ethernet 0/0/1	192.168.2.1	255.255.255.0	192.168.2.2

【实验步骤】

第 1 步：新建网络拓扑图。

第 2 步：配置好 PC1~PC2 的网络参数。

第3步：添加接口卡。在路由器 R1 和 R2 上添加 2 端口-同异步广域网（WAN）接口卡，并为路由器 R1、R2 配置端口 IP 地址。

第4步：配置静态路由。在路由器 R1 上配置到主机 PC2 所在网段的静态路由，在路由器 R2 上配置到主机 PC1 所在网段的静态路由。设置静态路由时使用路由器的 GE 接口转发。

```
[R1]ip route-static 192.168.2.0 24 192.168.10.2
[R2]ip route-static 192.168.1.0 24 192.168.10.1
```

第5步：查看路由表。配置完成后，使用"display ip routing-table"命令查看 R1 的路由表。

```
[R1]display ip routing-table
Route Flags: R - relay, D - download to fib
------------------------------------------------------------------------------
Routing Tables: Public
                Destinations : 15        Routes : 15
```

Destination/Mask	Proto	Pre	Cost	Flags	NextHop	Interface
127.0.0.0/8	Direct	0	0	D	127.0.0.1	InLoopBack0
127.0.0.1/32	Direct	0	0	D	127.0.0.1	InLoopBack0
127.255.255.255/32	Direct	0	0	D	127.0.0.1	InLoopBack0
192.168.1.0/24	Direct	0	0	D	192.168.1.2	GigabitEthernet0/0/0
192.168.1.2/32	Direct	0	0	D	127.0.0.1	GigabitEthernet0/0/0
192.168.1.255/32	Direct	0	0	D	127.0.0.1	GigabitEthernet0/0/0
192.168.2.0/24	Static	60	0	RD	192.168.10.2	GigabitEthernet0/0/1
192.168.10.0/24	Direct	0	0	D	192.168.10.1	GigabitEthernet0/0/1
192.168.10.1/32	Direct	0	0	D	127.0.0.1	GigabitEthernet0/0/1
192.168.10.255/32	Direct	0	0	D	127.0.0.1	GigabitEthernet0/0/1
192.168.20.0/24	Direct	0	0	D	192.168.20.1	Serial1/0/0
192.168.20.1/32	Direct	0	0	D	127.0.0.1	Serial1/0/0
192.168.20.2/32	Direct	0	0	D	192.168.20.2	Serial1/0/0
192.168.20.255/32	Direct	0	0	D	127.0.0.1	Serial1/0/0
255.255.255.255/32	Direct	0	0	D	127.0.0.1	InLoopBack0

可以看到，路由器 R1 的路由表中存在主机 PC2 所在网络的路由条目，下一跳路由器为 R2。

第6步：测试连通性。测试主机 PC1 与 PC2 之间的连通性，并通过"tracert"命令查看经过的中间路由器。

```
PC>ping 192.168.2.1
Ping 192.168.2.1: 32 data bytes, Press Ctrl_C to break
From 192.168.2.1: bytes=32 seq=1 ttl=126 time=16 ms
From 192.168.2.1: bytes=32 seq=2 ttl=126 time=31 ms
From 192.168.2.1: bytes=32 seq=3 ttl=126 time=16 ms
From 192.168.2.1: bytes=32 seq=4 ttl=126 time=15 ms
From 192.168.2.1: bytes=32 seq=5 ttl=126 time=32 ms
--- 192.168.2.1 ping statistics ---
```

```
5 packet(s) transmitted
5 packet(s) received
0.00% packet loss
round-trip min/avg/max = 15/22/32 ms


PC>tracert 192.168.2.1
traceroute to 192.168.2.1, 8 hops max
(ICMP), press Ctrl+C to stop
  1   192.168.1.2    15 ms   16 ms   16 ms
  2   192.168.10.2   31 ms   31 ms   16 ms
  3   192.168.2.1    15 ms   16 ms   16 ms
```

经测试，主机 PC1 与 PC2 之间的通信正常。通过观察发现数据报是经过 192.168.10.2 接口，也就是路由器 R2 的 GE 接口转发的。通过上面的配置，网络搭建已经初步完成。

第 7 步：配置浮动静态路由以实现路由备份。现在需要设置 R1 和 R2 的 SE 接口之间的链路为备份链路，以实现当主链路发生故障时，备份链路可以继续保证通信。

① 用"ip route-static"命令在 R1 上配置静态路由，目的网段为主机 PC2 所在网段，下一跳为 R2 的 SE 接口，将路由优先级设置为 100（默认值是 60）。

```
[R1]ip route-static 192.168.2.0 24 192.168.20.2 preference 100
```

② 配置完成后，使用"disp ip routing-table protocol static"命令仅查看静态路由信息。

```
[R1]disp ip routing-table protocol static
Route Flags: R - relay, D - download to fib
------------------------------------------------------------------------
Public routing table : Static
         Destinations : 1        Routes : 2        Configured Routes : 2
Static routing table status : <Active>
         Destinations : 1        Routes : 1
Destination/Mask    Proto   Pre   Cost      Flags NextHop         Interface
    192.168.2.0/24  Static  60    0           RD  192.168.10.2    GigabitEthernet0/0/1
Static routing table status : <Inactive>
         Destinations : 1        Routes : 1
Destination/Mask    Proto   Pre   Cost      Flags NextHop         Interface
    192.168.2.0/24  Static  100   0           R   192.168.20.2    Serial1/0/0
```

可以看到，主机 PC2 所在网段有两条优先级，分别为 100 和 60 的静态路由条目，通常情况下，会选择优先级较高的路由作为主路由。优先级数值越小，优先级越高。所以，路由器 R1 选择优先级数值为 60 的路由条目放入路由表中，状态为 Active，而优先级数值 100 的路由状态为 Inactive，作为备份路由。只有当 Active 的路由失效时，备份路由才会启用。

③ 用"disp ip routing-table"命令显示 R1 的路由表来验证。

```
[R1]disp ip routing-table
Route Flags: R - relay, D - download to fib
------------------------------------------------------------------------
```

```
Routing Tables: Public
          Destinations : 15        Routes : 15
Destination/Mask   Proto   Pre   Cost      Flags NextHop        Interface
      127.0.0.0/8   Direct   0     0          D    127.0.0.1      InLoopBack0
      127.0.0.1/32  Direct   0     0          D    127.0.0.1      InLoopBack0
127.255.255.255/32 Direct   0     0          D    127.0.0.1      InLoopBack0
   192.168.1.0/24   Direct   0     0          D    192.168.1.2    GigabitEthernet0/0/0
   192.168.1.2/32   Direct   0     0          D    127.0.0.1      GigabitEthernet0/0/0
 192.168.1.255/32   Direct   0     0          D    127.0.0.1      GigabitEthernet0/0/0
   192.168.2.0/24   Static  60     0          RD   192.168.10.2   GigabitEthernet0/0/1
  192.168.10.0/24   Direct   0     0          D    192.168.10.1   GigabitEthernet0/0/1
  192.168.10.1/32   Direct   0     0          D    127.0.0.1      GigabitEthernet0/0/1
192.168.10.255/32  Direct   0     0          D    127.0.0.1      GigabitEthernet0/0/1
  192.168.20.0/24   Direct   0     0          D    192.168.20.1   Serial1/0/0
  192.168.20.1/32   Direct   0     0          D    127.0.0.1      Serial1/0/0
  192.168.20.2/32   Direct   0     0          D    192.168.20.2   Serial1/0/0
192.168.20.255/32  Direct   0     0          D    127.0.0.1      Serial1/0/0
255.255.255.255/32 Direct   0     0          D    127.0.0.1      InLoopBack0
```

可以发现，R1 的路由表中只有优先级为 60 的主路由，而没有显示优先级为 100 的备份路由。

第 8 步：按照同样的方法在路由器 R2 上设置到主机 PC1 的路由。

[R2]ip route-static 192.168.1.0 24 192.168.20.1 preference 100

第 9 步：将路由器 R1 上的 g0/0/1 口关闭，验证备份链路的使用。

① 关闭 R1 上的 g0/0/1 口。

[R1-Serial1/0/0]int g0/0/1

[R1-GigabitEthernet0/0/1]shutdown

② 配置完成后，查看路由器 R1 上的路由表及静态路由表。

[R1-GigabitEthernet0/0/1]disp ip routing-table

Route Flags: R - relay, D - download to fib

```
----------------------------------------------------------------------------
Routing Tables: Public
          Destinations : 12        Routes : 12
Destination/Mask   Proto   Pre   Cost      Flags NextHop        Interface
      127.0.0.0/8   Direct   0     0          D    127.0.0.1      InLoopBack0
      127.0.0.1/32  Direct   0     0          D    127.0.0.1      InLoopBack0
127.255.255.255/32 Direct   0     0          D    127.0.0.1      InLoopBack0
   192.168.1.0/24   Direct   0     0          D    192.168.1.2    GigabitEthernet0/0/0
   192.168.1.2/32   Direct   0     0          D    127.0.0.1      GigabitEthernet0/0/0
 192.168.1.255/32   Direct   0     0          D    127.0.0.1      GigabitEthernet0/0/0
   192.168.2.0/24   Static 100     0          RD   192.168.20.2   Serial1/0/0
  192.168.20.0/24   Direct   0     0          D    192.168.20.1   Serial1/0/0
  192.168.20.1/32   Direct   0     0          D    127.0.0.1      Serial1/0/0
  192.168.20.2/32   Direct   0     0          D    192.168.20.2   Serial1/0/0
```

| 192.168.20.255/32 | Direct | 0 | 0 | | D | 127.0.0.1 | Serial1/0/0 |
| 255.255.255.255/32 | Direct | 0 | 0 | | D | 127.0.0.1 | InLoopBack0 |

可以观察到，此时优先级为 100 的路由条目已经添加到路由表中。

[R1]disp ip routing-table protocol static

Route Flags: R - relay, D - download to fib

Public routing table : Static

　　　　　　Destinations : 1　　　　　Routes : 2　　　　　Configured Routes : 2

Static routing table status : <Active>

　　　　　　Destinations : 1　　　　　Routes : 1

| Destination/Mask | Proto | Pre | Cost | | Flags NextHop | Interface |
| 192.168.2.0/24 | Static | 100 | 0 | | RD　192.168.20.2 | Serial1/0/0 |

Static routing table status : <Inactive>

　　　　　　Destinations : 1　　　　　Routes : 1

| Destination/Mask | Proto | Pre | Cost | | Flags NextHop | Interface |
| 192.168.2.0/24 | Static | 60 | 0 | | 192.168.10.2 | Unknown |

静态路由表中，优先级为 100 的路由条目现在是 Active 状态，而优先级为 60 的路由条目现在是 Inactive 状态。

第 10 步：测试主机 PC1 和 PC2 之间的通信及经过的路由器。

PC>ping 192.168.2.1

Ping 192.168.2.1: 32 data bytes, Press Ctrl_C to break

From 192.168.2.1: bytes=32 seq=1 ttl=126 time=16 ms

From 192.168.2.1: bytes=32 seq=2 ttl=126 time=16 ms

From 192.168.2.1: bytes=32 seq=3 ttl=126 time=15 ms

From 192.168.2.1: bytes=32 seq=4 ttl=126 time=16 ms

From 192.168.2.1: bytes=32 seq=5 ttl=126 time=15 ms

--- 192.168.2.1 ping statistics ---

　　5 packet(s) transmitted

　　5 packet(s) received

　　0.00% packet loss

　　round-trip min/avg/max = 15/15/16 ms

PC>tracert 192.168.2.1

traceroute to 192.168.2.1, 8 hops max

(ICMP), press Ctrl+C to stop

　1　192.168.1.2　　32 ms　15 ms　16 ms

　2　192.168.20.2　　31 ms　16 ms　31 ms

　3　192.168.2.1　　16 ms　15 ms　16 ms

可以看出，主机 PC1 和 PC2 之间的通信也是正常的。数据报是经过 192.168.20.2 接口，即路由器 R2 的 SE 接口转发的，因此数据是通过备份路由到达目的网络的。

5.2 RIP 协议配置

【原理描述】

路由信息协议（RIP）是最早的距离向量路由协议，采用 Bellman-Ford 算法。尽管 RIP 协议缺少许多高级协议所支持的复杂功能，简单性是其最大的优势，至今应用仍然十分广泛。

RIP 协议使用跳数（Hop Count）衡量网络间的距离，RIP 协议允许路由的最大跳数为 15，因此，16 意味着目的网络不可达。RIP 协议允许的最大目的网络数目为 25 个。可见，RIP 协议只适用于小型网络。

RIP 协议分为版本 1（RIPv1 RFC1058）和版本 2（RIPv2 RFC2453），后者兼容前者。RIP 协议要求网络中每一台路由器都要维护从自身到每一个目的网络的路由信息。在默认情况下，运行 RIP 协议的路由器每隔 30s，会利用 UDP 520 端口向与其直连的网络邻居广播（RIPv1）或组播（RIPv2）路由通告。由于 RIP 是一种局部信息协议，可能会出现无穷计数或路由环路问题，RIP 采用了水平分割、毒性逆转、定义最大跳数、触发更新和抑制计时等机制来避免这些问题。

无论是 RIPv1 还是 RIPv2，都具备下列特征。

① 是距离向量路由协议。

② 使用跳数作为距离度量值。

③ 默认时路由更新周期为 30s。

④ 支持触发更新。

⑤ 度量值的最大跳数为 15 跳。

⑥ 支持等价路径，默认为 4 跳。

⑦ 源端口和目的端口都使用 UDP 520 端口进行操作。

⑧ 一个 RIP 通告，在无验证时，最多可以包含 25 个路由项，最大 512 字节（UDP 报头 8 字节+RIP 报头 4 字节+路由信息 25×20 字节）；有验证时，最多包含 24 个路由项。

RIPv1 和 RIPv2 的区别如表 5-3 所示。

表 5-3　RIPv1 和 RIPv2 的区别

RIPv1	RIPv2
在路由通告的过程中不携带子网信息	在路由通告的过程中携带子网信息
不提供验证	提供明文和 MD5 验证
不支持 VLSM（Variable Length Subnet Masking，可变长度子网掩码）和 CIDR	支持 VLSM 和 CIDR
采用广播通告	采用组播（224.0.0.9）通告
有类（Classful）路由协议	无类（Classless）路由协议

5.2.1 RIPv1 配置

【实验目的】

① 掌握 RIPv1 的配置方法。
② 查看 RIP 路由更新过程。
③ 掌握测试 RIP 网络连通性的方法。

【实验内容】

某小型公司网络拓扑很简单，要用 3 台路由器实现 3 个区域子网的互联。本实验将通过模拟简单的企业网络场景来描述 RIP 路由协议的基本配置，并介绍一些基本的查看 RIP 信息命令的使用方法。

【实验配置】

1. 实验设备

路由器 AR2220 3 台，PC 3 台。

2. 实验网络拓扑

实验网络拓扑如图 5-3 所示。

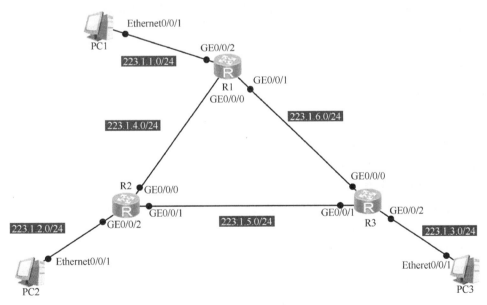

图 5-3　实验网络拓扑图

3. 编址配置

设备接口编址配置如表 5-4 所示。

表 5-4　设备接口编址

设备名称	接　　口	IP 地址	子网掩码	默认网关
R1 （AR2220）	GE 0/0/0	223.1.4.1	255.255.255.0	—
	GE 0/0/1	223.1.6.1	255.255.255.0	
	GE 0/0/2	223.1.1.254	255.255.255.0	—
R2 （AR2220）	GE 0/0/0	223.1.4.2	255.255.255.0	—
	GE 0/0/1	223.1.5.1	255.255.255.0	—
	GE 0/0/2	223.1.2.254	255.255.255.0	—
R3 （AR2220）	GE 0/0/0	223.1.6.2	255.255.255.0	—
	GE 0/0/1	223.1.5.2	255.255.255.0	—
	GE 0/0/2	223.1.3.254	255.255.255.0	—
PC1	Ethernet 0/0/1	223.1.1.1	255.255.255.0	223.1.1.254
PC2	Ethernet 0/0/1	223.1.2.1	255.255.255.0	223.1.2.254
PC3	Ethernet 0/0/1	223.1.3.1	255.255.255.0	223.1.3.254

【实验步骤】

第 1 步：新建网络拓扑图。

第 2 步：配置好 PC1~PC3 的网络参数。

第 3 步：为路由器 R1、R2、R3 配置端口 IP 地址。

第 4 步：为路由器 R1 配置 RIP。

使用"rip"命令创建并开启协议进程，默认情况下进程号是 1。使用"network"命令激活参与 RIPv1 的接口，使之能够发送和接收 RIP 通告。这里"network"命令的参数部分是与路由器直连的 A/B/C 类网络的网络号，表明该网络将参与选路计算，并且能够通过该网络收发 RIPv1 通告。

```
[R1-rip-1]rip
[R1-rip-1]version 1
[R1-rip-1]network 223.1.1.0
[R1-rip-1]network 223.1.4.0
[R1-rip-1]network 223.1.6.0
```

第 5 步：参照上一步，配置 R2 和 R3。

第 6 步：查看路由表。

配置完成后，使用"display ip routing-table"命令查看 R1 的路由表。

```
<R1>display ip routing-table
Route Flags: R - relay, D - download to fib
------------------------------------------------------------------------
Routing Tables: Public
        Destinations : 16        Routes : 17
Destination/Mask    Proto   Pre  Cost      Flags NextHop          Interface
    127.0.0.0/8     Direct  0    0          D    127.0.0.1        InLoopBack0
     127.0.0.1/32   Direct  0    0          D    127.0.0.1        InLoopBack0
127.255.255.255/32  Direct  0    0          D    127.0.0.1        InLoopBack0
```

223.1.1.0/24	Direct	0	0	D	223.1.1.254	GigabitEthernet0/0/2
223.1.1.254/32	Direct	0	0	D	127.0.0.1	GigabitEthernet0/0/2
223.1.1.255/32	Direct	0	0	D	127.0.0.1	GigabitEthernet0/0/2
223.1.2.0/24	RIP	100	1	D	223.1.4.2	GigabitEthernet0/0/0
223.1.3.0/24	RIP	100	1	D	223.1.6.2	GigabitEthernet0/0/1
223.1.4.0/24	Direct	0	0	D	223.1.4.1	GigabitEthernet0/0/0
223.1.4.1/32	Direct	0	0	D	127.0.0.1	GigabitEthernet0/0/0
223.1.4.255/32	Direct	0	0	D	127.0.0.1	GigabitEthernet0/0/0
223.1.5.0/24	RIP	100	1	D	223.1.6.2	GigabitEthernet0/0/1
	RIP	100	1	D	223.1.4.2	GigabitEthernet0/0/0
223.1.6.0/24	Direct	0	0	D	223.1.6.1	GigabitEthernet0/0/1
223.1.6.1/32	Direct	0	0	D	127.0.0.1	GigabitEthernet0/0/1
223.1.6.255/32	Direct	0	0	D	127.0.0.1	GigabitEthernet0/0/1
255.255.255.255/32	Direct	0	0	D	127.0.0.1	InLoopBack0

可以看到，路由器 R1 已经通过 RIP 协议学习到了其他目的网段的路由条目。条目中"RIP"表示从 RIP 学习到的表项。最后加深的两条表项说明从路由器 R1 到达目的网络"223.1.5.0/24"有两条路径，度量值都是 1，即所谓的等价路径。

第 7 步：测试主机 PC1、PC2 和 PC3 之间的连通性。

PC>ping 223.1.2.1

Ping 223.1.2.1: 32 data bytes, Press Ctrl_C to break

From 223.1.2.1: bytes=32 seq=1 ttl=126 time=31 ms

From 223.1.2.1: bytes=32 seq=2 ttl=126 time=32 ms

From 223.1.2.1: bytes=32 seq=3 ttl=126 time=15 ms

From 223.1.2.1: bytes=32 seq=4 ttl=126 time=31 ms

From 223.1.2.1: bytes=32 seq=5 ttl=126 time=16 ms

--- 223.1.2.1 ping statistics ---

　　5 packet(s) transmitted

　　5 packet(s) received

　　0.00% packet loss

　　round-trip min/avg/max = 15/25/32 ms

PC>ping 223.1.3.1

Ping 223.1.3.1: 32 data bytes, Press Ctrl_C to break

From 223.1.3.1: bytes=32 seq=1 ttl=126 time=16 ms

From 223.1.3.1: bytes=32 seq=2 ttl=126 time=16 ms

From 223.1.3.1: bytes=32 seq=3 ttl=126 time=31 ms

From 223.1.3.1: bytes=32 seq=4 ttl=126 time=31 ms

From 223.1.3.1: bytes=32 seq=5 ttl=126 time=31 ms

--- 223.1.3.1 ping statistics ---

　　5 packet(s) transmitted

　　5 packet(s) received

　　0.00% packet loss

　　round-trip min/avg/max = 16/25/31 ms

可以观察到主机之间的通信正常。

第 8 步：使用"debug"命令来开启 RIP 协议调试功能，并查看 RIP 协议的更新情况。

"debug"命令需要在用户视图下使用，若当前处于系统视图，使用"quit"命令退出系统视图。使用"terminal debugging"和"terminal monitor"命令开启屏幕显示调试信息功能，可以在计算机屏幕上看到路由器之间 RIP 协议交互的信息。

```
<R1>debugging rip 1
<R1>terminal debugging
Info: Current terminal debugging is on.
<R1>terminal monitor
Info: Current terminal monitor is on.
Nov 20 2018 11:38:55.424.1-08:00 R1 RIP/7/DBG: 6: 13405: RIP 1: Sending v1 response on
GigabitEthernet0/0/2 from 223.1.1.254 with 6 RTEs
Nov 20 2018 11:38:55.424.2-08:00 R1 RIP/7/DBG: 6: 13456: RIP 1: Sending response on interface
GigabitEthernet0/0/2 from 223.1.1.254 to 255.255.255.255
Nov 20 2018 11:38:55.424.3-08:00 R1 RIP/7/DBG: 6: 13476: Packet: Version 1, Cmd response, Length
124
Nov 20 2018 11:38:55.424.4-08:00 R1 RIP/7/DBG: 6: 13527: Dest 223.1.1.0, Cost 1
Nov 20 2018 11:38:55.424.5-08:00 R1 RIP/7/DBG: 6: 13527: Dest 223.1.2.0, Cost 2
Nov 20 2018 11:38:55.424.6-08:00 R1 RIP/7/DBG: 6: 13527: Dest 223.1.3.0, Cost 2
Nov 20 2018 11:38:55.424.7-08:00 R1 RIP/7/DBG: 6: 13527: Dest 223.1.4.0, Cost 1
Nov 20 2018 11:38:55.424.8-08:00 R1 RIP/7/DBG: 6: 13527: Dest 223.1.5.0, Cost 2
Nov 20 2018 11:38:55.424.9-08:00 R1 RIP/7/DBG: 6: 13527: Dest 223.1.6.0, Cost 1
Nov 20 2018 11:39:10.924.1-08:00 R1 RIP/7/DBG: 6: 13414: RIP 1: Receiving v1 response on
GigabitEthernet0/0/1 from 223.1.6.2 with 3 RTEs
Nov 20 2018 11:39:10.924.2-08:00 R1 RIP/7/DBG: 6: 13465: RIP 1: Receive response from 223.1.6.2 on
GigabitEthernet0/0/1
Nov 20 2018 11:39:10.924.3-08:00 R1 RIP/7/DBG: 6: 13476: Packet: Version 1, Cmd response, Length 64
Nov 20 2018 11:39:10.924.4-08:00 R1 RIP/7/DBG: 6: 13527: Dest 223.1.2.0, Cost 2
Nov 20 2018 11:39:10.924.5-08:00 R1 RIP/7/DBG: 6: 13527: Dest 223.1.3.0, Cost 1
Nov 20 2018 11:39:10.924.6-08:00 R1 RIP/7/DBG: 6: 13527: Dest 223.1.5.0, Cost 1
```

可以观察到 R1 从连接 R2 和 R3 的接口 G0/0/1 和 G0/0/2 周期性地发送、接收 v1 的 Response 更新报文，报文中包含了目的网段、数据报大小及 cost 值。

要关闭调试功能，可以使用"undo debugging rip 1"或"undo debug all"命令。

```
<R1>undo debug all
Info: All possible debugging has been turned off
```

5.2.2 RIPv2 配置

【实验目的】

① 掌握 RIPv2 的配置方法。

② 了解 RIPv1 与 RIPv2 的区别。

③ 理解可变长度子网掩码 VLSM 子网划分方法。

④ 掌握向 RIP 网络注入默认路由的方法。

【实验内容】

某学校要建设校园网，需要上网的主机数包括中心校区 200 台，西校区 100 台，东校区 50 台，总共需要 350 个 IP 地址。中心校区路由器与 ISP 网络通过串口接入广域网，其他连接都是以太网。校园网内部运行 RIP，与 ISP 网络间配置静态路由。

【实验配置】

1. 实验设备

路由器 AR2220 4 台，PC 3 台。

2. 实验网络拓扑

实验网络拓扑如图 5-4 所示。R1 和 R-ISP 上需要添加广域网模块 2SA。

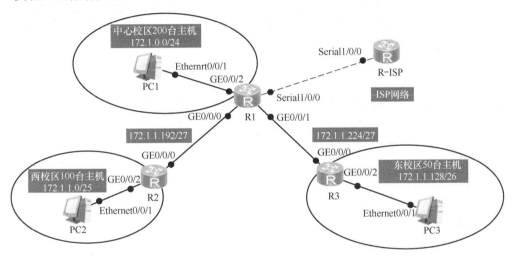

图 5-4　实验网络拓扑图

3. 编址配置

现该校申请到地址块 172.1.0.0/23，总共支持 510 台主机，显然，地址块是够用的。但是，仅仅简单地将整个地址块等分无法满足每个校区的需求，这里将采用可变长度子网掩码 VLSM，将整个地址块划分为不同规模的子网，如表 5-5 所示。

表 5-5　设备编址

子网/掩码	可分配 IP 地址范围	地址数	用　　途
172.1.0.0/24	172.1.0.1~172.1.0.254	254	中心校区
172.1.1.0/25	172.1.1.1~172.1.1.126	126	西校区
172.1.1.128/26	172.1.1.129~172.1.1.190	62	东校区
172.1.1.192/27	172.1.1.193~172.1.1.222	30	中心-西校区链路
172.1.1.224/27	172.1.1.225~172.1.1.254	30	中心-东校区链路

设备接口编址配置如表 5-6 所示。

表 5-6 设备接口编址

设备名称	接 口	IP 地址	子网掩码	默认网关
R-ISP （AR2220）	Serial 1/0/0	192.168.1.254	255.255.255.0	—
R1 （AR2220）	GE 0/0/0	172.1.1.222	255.255.255.224	—
	GE 0/0/1	172.1.1.254	255.255.255.224	—
	GE 0/0/2	172.1.0.254	255.255.255.0	—
	Serial 1/0/0	192.168.1.1	255.255.255.0	
R2 （AR2220）	GE 0/0/0	172.1.1.193	255.255.255.224	—
	GE 0/0/2	172.1.1.126	255.255.255.128	—
R3 （AR2220）	GE 0/0/0	172.1.1.225	255.255.255.224	—
	GE 0/0/2	172.1.1.190	255.255.255.192	—
PC1	Ethernet 0/0/1	172.1.0.1	255.255.255.0	172.1.0.254
PC2	Ethernet 0/0/1	172.1.1.1	255.255.255.128	172.1.1.126
PC3	Ethernet 0/0/1	172.1.1.129	255.255.255.192	172.1.1.190

【实验步骤】

第 1 步：新建网络拓扑图。

首先要在 R1 和 R-ISP 路由器的插槽 1 插入广域网模块 2SA（必须先关闭电源）。

第 2 步：配置好 PC1~PC3、R-ISP、R1~R3 的网络参数。

第 3 步：为路由器 R1 配置 RIPv2。

```
[R1]rip
[R1-rip-1]version 2
[R1-rip-1]network 172.1.0.0
```

第 4 步：参照上一步，配置 R2 和 R3。

第 5 步：查看路由表。

配置完成后，使用"display ip routing-table protocol rip"命令查看各路由器的 RIP 路由表。

```
<R1>display ip routing-table protocol rip
Route Flags: R - relay, D - download to fib
------------------------------------------------------------------
Public routing table : RIP
        Destinations : 2      Routes : 2
RIP routing table status : <Active>
        Destinations : 2      Routes : 2
Destination/Mask    Proto   Pre  Cost      Flags NextHop          Interface
    172.1.1.0/25    RIP     100  1          D    172.1.1.193      GigabitEthernet0/0/0
    172.1.1.128/26  RIP     100  1          D    172.1.1.225      GigabitEthernet0/0/1
RIP routing table status : <Inactive>
        Destinations : 0      Routes : 0


<R2>display ip routing-table protocol rip
Route Flags: R - relay, D - download to fib
------------------------------------------------------------------
```

Public routing table : RIP
        Destinations : 3　　　　Routes : 3
RIP routing table status : \<Active\>
        Destinations : 3　　　　Routes : 3

Destination/Mask	Proto	Pre	Cost	Flags	NextHop	Interface
172.1.0.0/24	RIP	100	1	D	172.1.1.222	GigabitEthernet0/0/0
172.1.1.128/26	RIP	100	2	D	172.1.1.222	GigabitEthernet0/0/0
172.1.1.224/27	RIP	100	1	D	172.1.1.222	GigabitEthernet0/0/0

RIP routing table status : \<Inactive\>
        Destinations : 0　　　　Routes : 0

\<R3\>display ip routing-table protocol rip
Route Flags: R - relay, D - download to fib

Public routing table : RIP
        Destinations : 3　　　　Routes : 3
RIP routing table status : \<Active\>
        Destinations : 3　　　　Routes : 3

Destination/Mask	Proto	Pre	Cost	Flags	NextHop	Interface
172.1.0.0/24	RIP	100	1	D	172.1.1.254	GigabitEthernet0/0/0
172.1.1.0/25	RIP	100	2	D	172.1.1.254	GigabitEthernet0/0/0
172.1.1.192/27	RIP	100	1	D	172.1.1.254	GigabitEthernet0/0/0

RIP routing table status : \<Inactive\>
        Destinations : 0　　　　Routes : 0

可以看到，R1、R2 和 R3 已经通过 RIP 协议学习到了各目的网段的路由条目。

第 6 步：测试连通性并查看路由更新情况。

① 配置完成后，通过"ping"命令检测各主机之间的连通性。通过实验，可以发现，PC1、PC2 和 PC3 之间可以连通。

② 使用"debugging"命令查看 RIPv2 的路由信息更新情况。

\<R1\>debugging rip 1
\<R1\>terminal debugging
Info: Current terminal debugging is on.
\<R1\>terminal monitor
Info: Current terminal monitor is on.
 Mar 21 2019 11:25:14.42.2-08:00 R1 RIP/7/DBG: 6: 13456: RIP 1: Sending response on interface GigabitEthernet0/0/0 from 172.1.1.222 to 224.0.0.9
   Mar 21 2019 11:25:14.42.3-08:00 R1 RIP/7/DBG: 6: 13476: Packet: Version 2, Cmd response, Length 104
   Mar 21 2019 11:24:57.2.4-08:00 R1 RIP/7/DBG: 6: 13546: Dest 172.1.1.0/25, Nexthop 0.0.0.0, Cost 1, Tag 0
   Mar 21 2019 11:25:14.42.4-08:00 R1 RIP/7/DBG: 6: 13546: Dest 172.1.0.0/24, Nexthop 0.0.0.0, Cost 1, Tag 0
   Mar 21 2019 11:25:14.42.5-08:00 R1 RIP/7/DBG: 6: 13546: Dest 172.1.1.128/26, Nexthop 0.0.0.0, Cost 2, Tag 0
   Mar 21 2019 11:25:14.42.6-08:00 R1 RIP/7/DBG: 6: 13546: Dest 172.1.1.224/27, Nexthop 0.0.0.0, Cost 1, Tag 0

与 RIPv1 中"debugging"命令的打印结果对比，可以看到 RIPv1 和 RIPv2 之间的差别：RIPv2 的路由信息中携带了子网掩码及下一跳 IP 地址。若通告的消息中下一跳 IP 地址为

0.0.0.0，则说明当前通告的地址是最优的下一跳地址。RIPv2 使用组播方式发送报文。

第 7 步：验证主机到 R-ISP 的连通性。

通过实验发现，此时主机和 R-ISP 是无法连通的。这是因为 RIP 协议并没有添加到 R-ISP 网段的路由信息，所以需要向 RIP 网络中注入到 192.168.1.0/24 网段的路由。

第 8 步：向 RIP 网络注入直连路由。

由于 192.168.1.0/24 网段是与路由器 R1 直接相连的，因此在 R1 上 RIP 网络注入直连路由。

```
[R1]rip
[R1-rip-1]import-route direct
```

此时，再次查看 R2 的路由表，可以发现，路由表中增加了一条到 192.168.1.0/24 网段的表项。

```
<R2>disp ip routing-table pro rip
Route Flags: R - relay, D - download to fib
--------------------------------------------------------------------------
Public routing table : RIP
         Destinations : 5          Routes : 5
RIP routing table status : <Active>
         Destinations : 5          Routes : 5
Destination/Mask      Proto    Pre  Cost      Flags NextHop        Interface
      172.1.0.0/24    RIP      100  1          D    172.1.1.222    GigabitEthernet0/0/0
      172.1.1.128/26  RIP      100  2          D    172.1.1.222    GigabitEthernet0/0/0
      172.1.1.224/27  RIP      100  1          D    172.1.1.222    GigabitEthernet0/0/0
      192.168.1.0/24  RIP      100  1          D    172.1.1.222    GigabitEthernet0/0/0
      192.168.1.254/32 RIP     100  1          D    172.1.1.222    GigabitEthernet0/0/0
RIP routing table status : <Inactive>
         Destinations : 0          Routes : 0
```

同样，在 R3 上也能看到类似的情况。

第 9 步：验证到 192.168.1.0/24 网段的连通情况。

在 PC1~PC3 上通过 "ping" 命令验证与路由器 R1 的 Serial 1/0/0（192.168.1.1）接口的连通性。可以发现，3 台 PC 都可以 ping 通 R1 的 Serial 1/0/0 接口。但是，无法 ping 通 R-ISP 的 Serial 1/0/0（192.168.1.254）接口。

```
PC>ping 192.168.1.1
Ping 192.168.1.1: 32 data bytes, Press Ctrl_C to break
From 192.168.1.1: bytes=32 seq=1 ttl=254 time=47 ms
From 192.168.1.1: bytes=32 seq=2 ttl=254 time=47 ms
From 192.168.1.1: bytes=32 seq=3 ttl=254 time=31 ms
From 192.168.1.1: bytes=32 seq=4 ttl=254 time=109 ms
From 192.168.1.1: bytes=32 seq=5 ttl=254 time=47 ms
--- 192.168.1.1 ping statistics ---
    5 packet(s) transmitted
    5 packet(s) received
    0.00% packet loss
round-trip min/avg/max = 31/56/109 ms
```

```
PC>ping 192.168.1.254
Ping 192.168.1.254: 32 data bytes, Press Ctrl_C to break
Request timeout!
Request timeout!
Request timeout!
Request timeout!
Request timeout!
--- 192.168.1.254 ping statistics ---
    5 packet(s) transmitted
    0 packet(s) received
100.00% packet loss
```

第 10 步：给 R-ISP 配置静态路由。

主机之所以无法 ping 通 R-ISP 的 Serial 1/0/0 接口，是因为 R-ISP 中没有回复消息目的地址对应的表项。所以需要在 R-ISP 上添加到 172.1.0.0/24 网段的静态路由。

[R-ISP]ip route-static 172.1.0.0 255.255.0.0 s1/0/0

此时，再次测试 3 台主机到 192.168.1.254 的连通情况，实验发现主机可以与 R-ISP 连通。

```
PC>ping 192.168.1.254
Ping 192.168.1.254: 32 data bytes, Press Ctrl_C to break
From 192.168.1.254: bytes=32 seq=1 ttl=254 time=47 ms
From 192.168.1.254: bytes=32 seq=2 ttl=254 time=31 ms
From 192.168.1.254: bytes=32 seq=3 ttl=254 time=32 ms
From 192.168.1.254: bytes=32 seq=4 ttl=254 time=31 ms
From 192.168.1.254: bytes=32 seq=5 ttl=254 time=31 ms
--- 192.168.1.254 ping statistics ---
    5 packet(s) transmitted
    5 packet(s) received
0.00% packet loss
round-trip min/avg/max = 31/34/47 ms
```

5.3　OSPF 协议配置

【原理描述】

开放最短路径优先（OSPF）协议是基于链路状态算法的内部网关协议，具有收敛快、无环路、扩展性好等优点，是目前因特网中运用最广泛的路由协议之一。运行 OSPF 协议的路由器互相通告链路状态信息，每台路由器都将自己的链路状态信息（包含接口的 IP 地址、子网掩码、网络类型及链路开销等）发送给其他路由器，并在网络内洪泛，当路由器收集到网络内所有链路状态信息之后，以自己为根，运行最短路径算法，得到到达所有网段的最短路径。

OSPF 支持层次路由，可以将网络划分为不同的区域，能够适应各种规模的网络环境。

区域用区域号来标识，一个网段只能属于一个区域，每个运行 OSPF 协议的接口必须指明其属于哪个区域。区域 0 为骨干区域，骨干区域负责在非骨干区域之间发布区域间的路由信息。在一个 OSPF 区域中有且仅有一个骨干区域。

【实验目的】

① 掌握 OSPF 单区域配置的方法。
② 掌握查看 OSPF 邻居状态的方法。

【实验内容】

某公司要用 3 台路由器将位于 3 个区域的设备相互连接起来，3 个路由器各连接一个区域的子网，要求在所有路由器上部署路由协议，使得 3 个子网内主机之间能够正常通信。考虑到未来公司的发展，适应不断扩展的网络需求，公司在所有的路由器上部署 OSPF 协议，且现在所有路由器都属于骨干区域。

【实验配置】

1. 实验设备

路由器 AR2220 3 台，PC 3 台。

2. 实验网络拓扑

实验网络拓扑如图 5-5 所示。

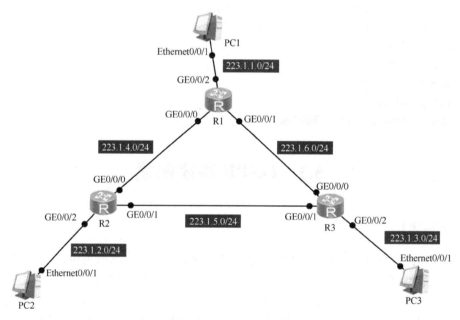

图 5-5　实验网络拓扑图

3. 编址配置

设备接口编址配置如表 5-7 所示。

表 5-7　设备接口编址

设备名称	接　　口	IP 地址	子网掩码	默认网关
R1 （AR2220）	GE 0/0/0	223.1.4.1	255.255.255.0	—
	GE 0/0/1	223.1.6.1	255.255.255.0	—
	GE 0/0/2	223.1.1.254	255.255.255.0	—
R2 （AR2220）	GE 0/0/0	223.1.4.2	255.255.255.0	—
	GE 0/0/1	223.1.5.1	255.255.255.0	—
	GE 0/0/2	223.1.2.254	255.255.255.0	—
R3 （AR2220）	GE 0/0/0	223.1.6.2	255.255.255.0	—
	GE 0/0/1	223.1.5.2	255.255.255.0	—
	GE 0/0/2	223.1.3.254	255.255.255.0	—
PC1	Ethernet 0/0/1	223.1.1.1	255.255.255.0	223.1.1.254
PC2	Ethernet 0/0/1	223.1.2.1	255.255.255.0	223.1.2.254
PC3	Ethernet 0/0/1	223.1.3.1	255.255.255.0	223.1.3.254

【实验步骤】

第 1 步：新建网络拓扑图。

第 2 步：配置好 PC1~PC3 的网络参数。

第 3 步：为路由器 R1、R2、R3 配置端口 IP 地址。

第 4 步：部署单区域 OSPF 网络。

① 在路由器 R1 上使用"ospf"命令创建并运行 OSPF。其中，1 是进程号，若没有写明进程号，则默认为 1。使用"area"命令创建区域并进入 OSPF 区域视图，要输入创建的区域 ID。单区域配置使用骨干区域，即区域 0。

```
[R1]ospf 1
[R1-ospf-1]area 0
```

② 使用"network"命令来指定运行 OSPF 协议的接口和接口所属的区域，"network"命令后的两个参数分别为网络号和反掩码。R1 的 3 个接口均需要指定。配置中需注意，尽量精确匹配所通告的网段。

```
[R1-ospf-1-area-0.0.0.0]network 223.1.4.0 0.0.0.255
[R1-ospf-1-area-0.0.0.0]network 223.1.6.0 0.0.0.255
[R1-ospf-1-area-0.0.0.0]network 223.1.1.0 0.0.0.255
```

③ 可以使用"display ospf interface"命令来检查 OSPF 接口通告是否正确。

```
[R1-ospf-1-area-0.0.0.0]display ospf interface
        OSPF Process 1 with Router ID 223.1.4.1
            Interfaces
Area: 0.0.0.0           (MPLS TE not enabled)
IP Address      Type        State    Cost   Pri  DR          BDR
223.1.4.1       Broadcast   Waiting  1      1    0.0.0.0     0.0.0.0
223.1.6.1       Broadcast   Waiting  1      1    0.0.0.0     0.0.0.0
223.1.1.254     Broadcast   Waiting  1      1    0.0.0.0     0.0.0.0
```

可以观察到，本地 OSPF 进程使用的 Router ID 是 223.1.4.1，在此进程下，有 3 个接口加入了 OSPF 进程。接下来，在路由器 R2 和 R3 上进行相应配置。

第 5 步：查看 OSPF 的配置结果。

① 可以使用"display ospf peer"命令查看 OSPF 的邻居状态。

```
<R1>display ospf peer
        OSPF Process 1 with Router ID 223.1.4.1
            Neighbors
    Area 0.0.0.0 interface 223.1.4.1(GigabitEthernet0/0/0)'s neighbors
    Router ID: 223.1.4.2          Address: 223.1.4.2
    State: Full    Mode:Nbr is    Master    Priority: 1
        DR: 223.1.4.1    BDR: 223.1.4.2    MTU: 0
        Dead timer due in 35    sec
        Retrans timer interval: 5
        Neighbor is up for 00:02:09
        Authentication Sequence: [ 0 ]
            Neighbors
    Area 0.0.0.0 interface 223.1.6.1(GigabitEthernet0/0/1)'s neighbors
    Router ID: 223.1.6.2          Address: 223.1.6.2
    State: Full    Mode:Nbr is    Master    Priority: 1
        DR: 223.1.6.1    BDR: 223.1.6.2    MTU: 0
        Dead timer due in 39    sec
        Retrans timer interval: 5
        Neighbor is up for 00:00:38
        Authentication Sequence: [ 0 ]
```

通过这条命令，可以查看到与本路由器连接的邻居的信息，包括邻居路由器的标识（Router ID），邻居的 OSPF 接口的 IP 地址（Address），与 OSPF 邻居的状态（State），以及邻居 OSPF 接口的优先级（Priority）等。

② 可以使用"display ip routing-table protocol ospf"命令查看 OSPF 路由表。

```
<R1>display ip routing-table protocol ospf
Route Flags: R - relay, D - download to fib
------------------------------------------------------------------------
Public routing table : OSPF
        Destinations : 3          Routes : 4
OSPF routing table status : <Active>
        Destinations : 3          Routes : 4
Destination/Mask      Proto    Pre   Cost     Flags NextHop          Interface
    223.1.2.0/24      OSPF     10    2          D    223.1.4.2        GigabitEthernet0/0/0
    223.1.3.0/24      OSPF     10    2          D    223.1.6.2        GigabitEthernet0/0/1
    223.1.5.0/24      OSPF     10    2          D    223.1.4.2        GigabitEthernet0/0/0
                      OSPF     10    2          D    223.1.6.2        GigabitEthernet0/0/1
OSPF routing table status : <Inactive>
        Destinations : 0          Routes : 0
```

通过此命令可以查看 OSPF 路由表项，显示了到达所有目的网段的下一跳 IP 地址、接口、优先级信息，以及所需耗费。最后两条表项说明从路由器 R1 到达目的网络"223.1.5.0/24"有两条路径，度量值都是 2。

第 6 步：测试主机之间的连通性。

在主机 PC1 上测试到达主机 PC2 和 PC3 的连通情况。

```
PC>ping 223.1.2.1
Ping 223.1.2.1: 32 data bytes, Press Ctrl_C to break
From 223.1.2.1: bytes=32 seq=1 ttl=126 time=16 ms
From 223.1.2.1: bytes=32 seq=2 ttl=126 time=31 ms
From 223.1.2.1: bytes=32 seq=3 ttl=126 time=16 ms
From 223.1.2.1: bytes=32 seq=4 ttl=126 time=16 ms
From 223.1.2.1: bytes=32 seq=5 ttl=126 time=15 ms
--- 223.1.2.1 ping statistics ---
    5 packet(s) transmitted
    5 packet(s) received
    0.00% packet loss
    round-trip min/avg/max = 15/18/31 ms


PC>ping 223.1.3.1
Ping 223.1.3.1: 32 data bytes, Press Ctrl_C to break
From 223.1.3.1: bytes=32 seq=1 ttl=126 time=31 ms
From 223.1.3.1: bytes=32 seq=2 ttl=126 time=15 ms
From 223.1.3.1: bytes=32 seq=3 ttl=126 time=32 ms
From 223.1.3.1: bytes=32 seq=4 ttl=126 time=15 ms
From 223.1.3.1: bytes=32 seq=5 ttl=126 time=16 ms
--- 223.1.3.1 ping statistics ---
    5 packet(s) transmitted
    5 packet(s) received
    0.00% packet loss
    round-trip min/avg/max = 15/21/32 ms
```

可以发现，主机之间的通信正常。

习　题

1．本机 IP 地址为 192.168.1.68，网关为 192.168.1.254。现在无法访问 IP 地址为 202.120.45.12 的远端主机，若要测试本机所在网段是否工作正常，应使用（　　）命令。

A．ping 127.0.0.1　　　　　　　　　B．ping 192.168.1.68

C．ping 192.168.1.254　　　　　　　D．ping 202.120.45.12

2．本机 IP 地址为 192.168.1.68，网关为 192.168.1.254。若要测试本机到 IP 地址为 202.120.45.12 的远端主机之间的连通性，应使用（　　）命令。

A．ping 127.0.0.1　　　　　　　　　B．ping 192.168.1.68

C．ping 192.168.1.254　　　　　　　D．ping 202.120.45.12

3．工作站 A 的 IP 地址为 192.0.2.24/28，工作站 B 的 IP 地址为 192.0.2.100/28，两台工作站通过交叉线连接，在两台主机之间 ping 不成功，若要两台主机之间可以正常通信，可以通过（　　　）解决。

A．将主机的掩码改为 25　　　　　　　　B．将主机的掩码改为 26

C．将工作站 A 的地址改为 192.0.2.15　　D．将工作站 B 的地址改为 192.0.2.111

4．在（　　　）下可以为路由器改名。

A．普通模式　　　　　B．超级模式　　　　　C．全局模式　　　　　D．接口模式

5．在 RIP 协议中 metric 等于（　　　）为不可达。

A．8　　　　　　　　B．10　　　　　　　　C．15　　　　　　　　D．16

6．RIP 协议适用于基于 IP 的（　　　）。

A．大型网络　　　　　　　　　　　　　　B．中小型网络

C．更大规模的网络　　　　　　　　　　　D．ISP 与 ISP 之间

7．某公司申请到一个 C 类 IP 地址，但要连接 6 个子公司，最大的一个公司有 26 台计算机，每个子公司在一个网段中，则子网掩码应设为（　　　）。

A．255.255.255.0　　　　　　　　　　　B．255.255.255.128

C．255.255.255.192　　　　　　　　　　D．255.255.255.224

8．下面的选项中基于链路状态算法的路由协议是（　　　）。

A．RIP　　　　　　　B．ICMP　　　　　　C．IGRP　　　　　　D．OSPF

9．OSPF 协议适用于基于 IP 的（　　　）。

A．大型网络　　　　　　　　　　　　　　B．中小型网络

C．更大规模的网络　　　　　　　　　　　D．ISP 与 ISP 之间

10．在主机的命令行中输入"tracert"命令，得到如下结果，则该主机的 IP 地址可能是（　　　）。

```
C:\Users\xyz>tracert -d www.baidu.com
通过最多 30 个跃点跟踪
到 www.a.shifen.com [112.80.248.76] 的路由:
  1    1 ms    <1ms      1 ms   192.168.8.1
  2   44 ms   28 ms     37 ms   10.215.4.105
  3   48 ms   48 ms     47 ms   10.215.4.33
  4   41 ms   51 ms     44 ms   153.3.228.37
  5   33 ms   39 ms     52 ms   153.3.228.77
  6   35 ms   39 ms     38 ms   112.86.192.150
  7   48 ms   57 ms     48 ms   153.3.228.77
跟踪完成
```

A．192.168.8.101　　B．10.215.4.39　　　C．153.3.228.87　　　D．153.3.228.79

第 6 章　广域网组网配置实验

广域网（WAN）又称外网、公网，是连接不同地区局域网或城域网计算机通信的远程网。它通常跨接很大的物理范围，所覆盖的范围从几十千米到几千千米，甚至横跨几个大洲形成国际性的远程网络。广域网也是互联网的一部分，一般是通过路由器和专门的通信线路来连接相距较远的网络或主机。广域网使用的物理链路和链路层协议不同于局域网，传输介质可以为电缆、光纤、卫星无线链路等，链路层协议一般采用点到点协议（PPP）、高级数据链路控制（HDLC）、帧中继（FR）等协议。

本章主要围绕广域网常用的 PPP、HDLC 和 FR 3 个协议来说明广域网的组网配置。

6.1　串行链路基本配置

6.1.1　简单串行链路配置

【原理描述】

串行链路是指数字信息的各个数据位按顺序一位一位地依次传输，每一位数据占据一个固定的时间长度，只需少数几条物理连线就可以在两个对等单元间交换信息。其优点是传输简单可靠，特别适用于远距离通信；缺点是传输速率较慢。与之相对的是并行链路，能够同时传输数字信息的多个位。

串行链路通常分为同步和异步两种传输模式。同步传输是以固定的时钟节拍来发送数据信号的，各信号码元之间的相对位置都是固定的，传输效率高，接收方为了从收到的数据流中正确地区分出一个个信号码元，必须建立准确的与发送方相同的时钟信号。这也是同步传输较为复杂的地方。异步传输是面向字符的，不需要像同步传输那样建立高精度的时钟同步，在发送字符时，所发送的字符之间的时间间隔可以是任意的，而且在每一个字符开始和结束的地方加上标志，即加上开始位和停止位，以便接收端能够正确地将每一个字符接收下来。异步通信的优点是通信设备简单、廉价，缺点是传输效率较低。

高级数据链路控制协议（High-Level Data Link Control，HDLC）是一个使用同步串行链路的、面向比特的数据链路层协议，它是由国际标准化组织（ISO）根据 IBM 公司的 SDLC（Synchronous Data Link Control，同步数据链路控制）协议扩展开发而成的。作为面向比特的数据链路控制协议的典型，HDLC 具有如下特点：协议不依赖于任何一种字符编码集；数据帧可透明传输，用于实现透明传输的"0 比特插入法"易于硬件实现；全双工通信，有较高的数据链路传输效率；所有帧均采用 CRC 校验，对信息帧进行编号，可防止漏收或重复，传输可靠性高；传输控制功能与处理功能分离，具有较大的灵活性和较完善的控制功能。由于以上特点，HDLC 是广域网曾经广泛应用的数据链路层协议，但随着传输技术和信道质量的提高,往往不需要使用这么复杂的机制来实现数据的可靠传输。因此,HDLC在广域网的应用范围逐渐减小,只是在部分专网中用来封装透传业务数据。

PPP(Point to Point Protocol)是一种使用同异步串行链路的、面向字符的数据链路层协议。PPP 提供全双工操作,并按照顺序传递数据报。其设计目的主要是通过拨号或专线方式建立点对点连接并发送(或接收)数据,为两个对等单元之间的 IP 流量传输提供一种封装协议,替代了原来非标准的 SLIP 协议(只支持异步传输),从而提供了一种传输多协议数据的标准方法。PPP 已成为各种主机、网桥和路由器之间简单连接的一种通用解决方法。

【实验目的】

① 掌握 PPP 的基本配置方法。
② 掌握 HDLC 的基本配置方法。

【实验内容】

本实验模拟大学不同分校区广域互联场景。假设某大学有 3 个位于不同地域的分校区,分别是分校区 1、分校区 2 和分校区 3,其中分校区 2 为主校区。分校区 1 的 PC1 通过本地路由器 R1 连接到主校区网关路由器 R2;分校区 3 的 PC3 通过本地路由器 R3 连接到主校区网关路由器 R2。R1 与 R2 之间链路为串行链路,运行 PPP 协议;R3 与 R2 之间链路也为串行链路,运行 HDLC 协议。R1 和 R3 分别设置默认路由通向 R2,使各分校区之间互联互通。

【实验配置】

1. 实验设备

路由器 AR1220 3 台(需配置 2 端口-同异步 WAN 接口卡),PC 3 台。

2. 实验网络拓扑

实验网络拓扑如图 6-1 所示。

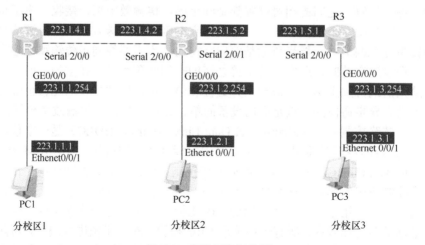

图 6-1　实验网络拓扑图

3．编址配置

设备接口编址配置如表 6-1 所示。

表 6-1　设备接口编址

设备名称	接　　口	IP 地址	子网掩码	默认网关
R1	Serial2/0/0	223.1.4.1	255.255.255.0	223.1.4.2
	GE 0/0/0	223.1.1.254	255.255.255.0	223.1.4.2
R2	Serial2/0/0	223.1.4.2	255.255.255.0	—
	Serial2/0/1	223.1.5.2	255.255.255.0	—
	GE 0/0/0	223.1.2.254	255.255.255.0	—
R3	Serial2/0/0	223.1.5.1	255.255.255.0	223.1.5.2
	GE 0/0/0	223.1.3.254	255.255.255.0	223.1.5.2
PC1	Ethernet 0/0/1	223.1.1.1	255.255.255.0	223.1.1.254
PC2	Ethernet 0/0/1	223.1.2.1	255.255.255.0	223.1.2.254
PC3	Ethernet 0/0/1	223.1.3.1	255.255.255.0	223.1.3.254

【实验步骤】

第 1 步：新建拓扑。新建网络拓扑图，配置好 PC1~PC3 的网络参数。

第 2 步：配置地址。路由器 R1~R3 启动前需配置添加"2 端口-同异步 WAN 接口卡"，启动后按照实验接口 IP 地址编配各个端口地址。

第 3 步：测试连通性。通过 ping 测试路由器与 PC 间的直连链路的连通性，以 R1 与 PC1 之间为例。

```
[R1]ping 223.1.1.1
   PING 223.1.1.1: 56   data bytes, press CTRL_C to break
     Reply from 223.1.1.1: bytes=56 Sequence=1 ttl=128 time=140 ms
     Reply from 223.1.1.1: bytes=56 Sequence=2 ttl=128 time=40 ms
     Reply from 223.1.1.1: bytes=56 Sequence=3 ttl=128 time=10 ms
     Reply from 223.1.1.1: bytes=56 Sequence=4 ttl=128 time=20 ms
     Reply from 223.1.1.1: bytes=56 Sequence=5 ttl=128 time=20 ms

   --- 223.1.1.1 ping statistics ---
     5 packet(s) transmitted
     5 packet(s) received
     0.00% packet loss
     round-trip min/avg/max = 10/46/140 ms
```

第 4 步：配置 PPP。

① 默认情况下，串行链路接口使用的链路层协议为 PPP，可以在 R1 上使用"display interface serial 2/0/0"命令查看。

```
[R1]display interface serial 2/0/0
Serial2/0/0 current state : UP
Line protocol current state : UP
Last line protocol up time : 2019-01-29 10:06:04 UTC-08:00
```

Description:HUAWEI, AR Series, Serial2/0/0 Interface

Route Port,The Maximum Transmit Unit is 1500, Hold timer is 10(sec)

Internet Address is 223.1.4.1/24

Link layer protocol is PPP

LCP opened, IPCP stopped

......

② 在 R1 上配置默认路由通向主校区的 R2，并在 R2 上配置目的网段为 PC1 所在的分校区 1 的网络 223.1.1.0/24 的静态路由，下一跳路由器为 R1。

[R1]ip route-static 0.0.0.0 0.0.0.0 223.1.4.2

[R2]ip route-static 223.1.1.0 255.255.255.0 223.1.4.1

③ 配置完成后，在 PC1 上测试与 R2、PC2 之间的连通性。

PC>ping 223.1.4.2

Ping 223.1.4.2: 32 data bytes, Press Ctrl_C to break

From 223.1.4.2: bytes=32 seq=1 ttl=254 time=31 ms

From 223.1.4.2: bytes=32 seq=2 ttl=254 time=32 ms

From 223.1.4.2: bytes=32 seq=3 ttl=254 time=16 ms

From 223.1.4.2: bytes=32 seq=4 ttl=254 time=31 ms

From 223.1.4.2: bytes=32 seq=5 ttl=254 time=31 ms

--- 223.1.4.2 ping statistics ---

   5 packet(s) transmitted

   5 packet(s) received

   0.00% packet loss

   round-trip min/avg/max = 16/28/32 ms

PC>ping 223.1.2.1

Ping 223.1.2.1: 32 data bytes, Press Ctrl_C to break

From 223.1.2.1: bytes=32 seq=1 ttl=126 time=31 ms

From 223.1.2.1: bytes=32 seq=2 ttl=126 time=15 ms

From 223.1.2.1: bytes=32 seq=3 ttl=126 time=31 ms

From 223.1.2.1: bytes=32 seq=4 ttl=126 time=16 ms

From 223.1.2.1: bytes=32 seq=5 ttl=126 time=16 ms

--- 223.1.2.1 ping statistics ---

   5 packet(s) transmitted

   5 packet(s) received

   0.00% packet loss

   round-trip min/avg/max = 15/21/31 ms

可以正常通信。

第 5 步：配置 HDLC。

① 在 R2 Serial 2/0/1 和 R3 Serial 2/0/0 串行接口上分别使用"link-protocol"命令配置链路层协议为 HDLC。

[R2-Serial2/0/1]interface Serial 2/0/1

[R2-Serial2/0/1]link-protocol hdlc

Warning: The encapsulation protocol of the link will be changed. Continue? [Y/N]

:y

[R3-Serial2/0/0]interface Serial 2/0/0

[R3-Serial2/0/0]link-protocol hdlc

Warning: The encapsulation protocol of the link will be changed. Continue? [Y/N]

:y

② 在 R3 上配置默认路由通向主校区的 R2，并在 R2 上配置目的网段为 PC3 所在的分校区 3 的网络 223.1.3.0/24 的静态路由，下一跳路由器为 R3 连接 R2 的 Serial 2/0/0 接口。

[R3]ip route-static 0.0.0.0 0.0.0.0 serial 2/0/0

[R2]ip route-static 223.1.3.0 255.255.255.0 serial 2/0/1

③ 配置完成后，在 PC3 上测试与 R2、PC2、PC1 之间的连通性。

PC>ping 223.1.5.2 -c 2

Ping 223.1.5.2: 32 data bytes, Press Ctrl_C to break

From 223.1.5.2: bytes=32 seq=1 ttl=254 time=15 ms

From 223.1.5.2: bytes=32 seq=2 ttl=254 time=31 ms

--- 223.1.5.2 ping statistics ---

　　2 packet(s) transmitted

　　2 packet(s) received

　　0.00% packet loss

　　round-trip min/avg/max = 15/23/31 ms

PC>ping 223.1.1.1 -c 2

Ping 223.1.1.1: 32 data bytes, Press Ctrl_C to break

From 223.1.1.1: bytes=32 seq=1 ttl=125 time=31 ms

From 223.1.1.1: bytes=32 seq=2 ttl=125 time=15 ms

--- 223.1.1.1 ping statistics ---

　　2 packet(s) transmitted

　　2 packet(s) received

　　0.00% packet loss

　　round-trip min/avg/max = 15/23/31 ms

PC>ping 223.1.2.1 -c 2

Ping 223.1.2.1: 32 data bytes, Press Ctrl_C to break

From 223.1.2.1: bytes=32 seq=1 ttl=126 time=16 ms

From 223.1.2.1: bytes=32 seq=2 ttl=126 time=16 ms

--- 223.1.2.1 ping statistics ---

　　2 packet(s) transmitted

　　2 packet(s) received

0.00% packet loss

round-trip min/avg/max = 16/16/16 ms

可以正常通信。

6.1.2 PPP 的认证

【原理描述】

PPP 连接建立过程中能够提供认证协议，更好地保证了连接的安全性，因此也使得它在广域互联中得到广泛的应用。PPP 提供两种认证协议，密码认证协议 PAP（Password Authentication Protocol）和询问握手认证协议 CHAP（Challenge Handshake Authentication Protocol）。

PAP 主要是通过使用两次握手提供一种认证方和被认证方之间的简单认证方法，其密码以文本格式在电路上进行发送，在链路初始建立阶段进行。完成链路建立阶段之后，被验证方持续重复发送用户名和密码给验证方，直至认证得到响应或连接终止。PAP 并不是一种强有效的认证方法，其用户名和密码以明文方式在电路上进行发送，对于窃听、重放或重复尝试等攻击没有任何保护。

CHAP 可通过三次握手周期性地校验对端的身份，可在初始链路建立、建立完成、建立阶段之后重复进行。链路建立阶段结束之后，认证者向被认证者发送 "challenge" 消息；被认证者用经过单向哈希函数计算出来的值做应答；认证者根据自己计算的哈希值来检查应答，如果值匹配，认证就得到承认，否则，连接应该终止。

【实验目的】

① 掌握 PPP PAP 认证的配置方法。

② 掌握 PPP CHAP 认证的配置方法。

③ 理解 PAP 和 CHAP 两种认证方法的差别。

【实验内容】

本实验模拟大学不同分校区广域互联场景。假设某大学有两个位于不同地域的分校区，分别是分校区 1 和分校区 2，其中分校区 2 为主校区。分校区 1 的 PC1 通过本地路由器 R1 连接到主校区网关路由器 R2。R1 与 R2 之间的链路为串行链路，运行 PPP 协议。R1、R2 设置默认路由使两个校区之间互联互通。出于安全考虑，部署 PPP 认证，R1 为被认证方路由器，R2 为认证方路由器，只有认证通过才能建立 PPP 连接并进行正常通信。

【实验配置】

1. 实验设备

路由器 AR1220 两台（需配置 2 端口-同异步 WAN 接口卡），PC 两台。

2. 实验网络拓扑

实验网络拓扑如图 6-2 所示。

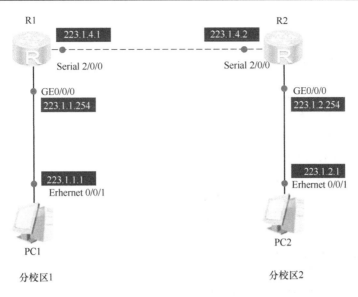

图 6-2 实验网络拓扑图

3. 编址配置

设备接口编址配置如表 6-2 所示。

表 6-2 设备接口编址

设备名称	接口	IP 地址	子网掩码	默认网关
R1	Serial2/0/0	223.1.4.1	255.255.255.0	223.1.4.2
（AR1220）	GE 0/0/0	223.1.1.254	255.255.255.0	223.1.4.2
R2	Serial2/0/0	223.1.4.2	255.255.255.0	—
（AR1220）	GE 0/0/0	223.1.2.254	255.255.255.0	—
PC1	Ethernet 0/0/1	223.1.1.1	255.255.255.0	223.1.1.254
PC2	Ethernet 0/0/1	223.1.2.1	255.255.255.0	223.1.2.254

【实验步骤】

第 1 步：新建拓扑。新建网络拓扑图，配置好 PC1、PC2 的网络参数。

第 2 步：编配地址。路由器 R1、R2 启动前需配置"2 端口-同异步 WAN 接口卡"，启动后按照实验接口 IP 地址编配各个端口地址。

第 3 步：测试连通性。通过 ping 测试路由器与 PC 间的直连链路的连通性，以 R1 与 PC1 之间为例。

```
[R1]ping 223.1.1.1
    PING 223.1.1.1: 56    data bytes, press CTRL_C to break
      Reply from 223.1.1.1: bytes=56 Sequence=1 ttl=128 time=140 ms
      Reply from 223.1.1.1: bytes=56 Sequence=2 ttl=128 time=40 ms
      Reply from 223.1.1.1: bytes=56 Sequence=3 ttl=128 time=10 ms
      Reply from 223.1.1.1: bytes=56 Sequence=4 ttl=128 time=20 ms
      Reply from 223.1.1.1: bytes=56 Sequence=5 ttl=128 time=20 ms
```

--- 223.1.1.1 ping statistics ---

    5 packet(s) transmitted

    5 packet(s) received

    0.00% packet loss

    round-trip min/avg/max = 10/46/140 ms

第 4 步：配置默认路由。

① 在 R1 上配置默认路由通向主校区的 R2，并在 R2 上配置目的网段为 PC1 所在的分校区 1 的网络 223.1.1.0/24 的静态路由，下一跳路由器为 R1。

[R1]ip route-static 0.0.0.0 0.0.0.0 223.1.4.2

[R2]ip route-static 223.1.1.0 255.255.255.0 223.1.4.1

② 配置完成后，在 PC1 上测试与 R2、PC2 之间的连通性。

PC>ping 223.1.4.2

Ping 223.1.4.2: 32 data bytes, Press Ctrl_C to break

From 223.1.4.2: bytes=32 seq=1 ttl=254 time=31 ms

From 223.1.4.2: bytes=32 seq=2 ttl=254 time=32 ms

From 223.1.4.2: bytes=32 seq=3 ttl=254 time=16 ms

From 223.1.4.2: bytes=32 seq=4 ttl=254 time=31 ms

From 223.1.4.2: bytes=32 seq=5 ttl=254 time=31 ms

--- 223.1.4.2 ping statistics ---

    5 packet(s) transmitted

    5 packet(s) received

    0.00% packet loss

    round-trip min/avg/max = 16/28/32 ms

PC>ping 223.1.2.1

Ping 223.1.2.1: 32 data bytes, Press Ctrl_C to break

From 223.1.2.1: bytes=32 seq=1 ttl=126 time=31 ms

From 223.1.2.1: bytes=32 seq=2 ttl=126 time=15 ms

From 223.1.2.1: bytes=32 seq=3 ttl=126 time=31 ms

From 223.1.2.1: bytes=32 seq=4 ttl=126 time=16 ms

From 223.1.2.1: bytes=32 seq=5 ttl=126 time=16 ms

--- 223.1.2.1 ping statistics ---

    5 packet(s) transmitted

    5 packet(s) received

    0.00% packet loss

    round-trip min/avg/max = 15/21/31 ms

可以正常通信。

第 5 步：配置 PPP 的 PAP 认证。为了保证两个校区之间路由器串行链路连接的安全性，配置 PPP 的 PAP 认证，R2 为认证方，R1 为被认证方。由于 AR1220 路由器广域网串行接口默认数据链路层协议为 PPP，因此可以直接配置 PAP 认证。

① 在主校区路由器 R2 上使用"ppp authentication-mode"命令设置本端的 PPP 协议，

将对端路由器的认证方式设为 PAP，认证采用的域名为 huawei。

[R2]interface Serial 2/0/0

[R2-Serial2/0/0]ppp authentication-mode pap domain huawei

② 配置认证路由器 R2 的本地认证信息。执行"aaa"命令，进入 AAA 视图。

[R2]aaa

③ 使用"authentication-scheme"命令创建认证方案 huawei_ppp，并进入认证方案视图。

```
[R2-aaa]authentication-scheme huawei_ppp
```
Info: Create a new authentication scheme

④ 使用"authentication-mode"命令配置认证模式为本地认证。

```
[R2-aaa-authen-huawei_ppp]authentication-mode local
```

⑤ 退回到 AAA 视图，然后使用"domain"命令创建域 huaweidomain，并进入域视图。

[R2-aaa]domain huaweidomain

Info: Success to create a new domain

⑥ 使用"authentication-scheme"命令配置域的认证方案为 huawei_ppp，这里必须和第 3 步创建的认证方案名称一致。

[R2-aaa-domain-huaweidomain]authentication-scheme huawei_ppp

⑦ 退回到 AAA 视图，使用"local-user"命令将配置存储在本地，将对端认证方所使用的用户名设为 R1@huaweidomain，使用的密码设为 Huawei。

[R2-aaa]local-user R1@huaweidomain password cipher Huawei

Info: Add a new user.

[R2-aaa]local-user R1@huaweidomain service-type ppp

⑧ 配置完成后，关闭 R1 和 R2 连接的串行接口一段时间后重新打开，使 R1 与 R2 的链路重新协商，并检查链路状态和连通性。

[R2]interface Serial 2/0/0

[R2-Serial2/0/0]shutdown

[R2-Serial2/0/0]undo shutdown

<R1>display ip interface brief

*down: administratively down

......

Interface	IP Address/Mask	Physical	Protocol
GigabitEthernet0/0/0	223.1.1.254/24	up	up
GigabitEthernet0/0/1	unassigned	down	down
NULL0	unassigned	up	up(s)
Serial2/0/0	**223.1.4.1/24**	**up**	**down**
Serial2/0/1	unassigned	down	down

<R2>ping 223.1.4.1

　　PING 223.1.4.1: 56　data bytes, press CTRL_C to break

　　　Request time out

　　　Request time out

　　　Request time out

　　　Request time out

Request time out

--- 223.1.4.1 ping statistics ---
5 packet(s) transmitted
0 packet(s) received
100.00% packet loss

可以发现，现在 R1、R2 之间物理链路正常，但是链路层协议失效，双方无法正常通信。这是因为此时 PPP 链路上的 PAP 认证未通过，所以 R2 路由器会定时显示如下信息。

<R2>

Jan 30 2019 15:23:07-08:00 R2 %%01PPP/4/PEERNOPAP(l)[10]:On the interface Serial2/0/0, authentication failed and PPP link was closed because PAP was disabled onthe peer

<R2>

Jan 30 2019 15:23:07-08:00 R2 %%01PPP/4/RESULTERR(l)[11]:On the interface Serial2/0/0, LCP negotiation failed because the result cannot be accepted

这是提示需要在被认证路由器 R1 上也要配置相关 PAP 认证参数。

⑨ 在 R1 的 Serial 2/0/0 接口下，使用"ppp pap local-user"命令配置本端以 PAP 方式验证时需要发送的用户名和密码。

[R1]interface Serial 2/0/0
[R1-Serial2/0/0]ppp pap local-user R1@huaweidomain password cipher Huawei

⑩ 配置完成后，再次查看链路状态并测试 R1、R2 间的连通性。

<R1>display ip interface brief
*down: administratively down
......

Interface	IP Address/Mask	Physical	Protocol
GigabitEthernet0/0/0	223.1.1.254/24	up	up
GigabitEthernet0/0/1	unassigned	down	down
NULL0	unassigned	up	up(s)
Serial2/0/0	**223.1.4.1/24**	**up**	**up**
Serial2/0/1	unassigned	down	down

<R1>ping 223.1.4.2

PING 223.1.4.2: 56   data bytes, press CTRL_C to break
Reply from 223.1.4.2: bytes=56 Sequence=1 ttl=255 time=340 ms
Reply from 223.1.4.2: bytes=56 Sequence=2 ttl=255 time=50 ms
Reply from 223.1.4.2: bytes=56 Sequence=3 ttl=255 time=40 ms
Reply from 223.1.4.2: bytes=56 Sequence=4 ttl=255 time=30 ms
Reply from 223.1.4.2: bytes=56 Sequence=5 ttl=255 time=20 ms

--- 223.1.4.2 ping statistics ---
5 packet(s) transmitted
5 packet(s) received
0.00% packet loss
round-trip min/avg/max = 20/96/340 ms

可以看到，R1 与 R2 之间的串行链路物理和协议状态正常，能够正常通信。

⑪ 最后测试 PC1 与 PC2 之间的连通性。

```
PC>ping 223.1.2.1 -c 2
Ping 223.1.2.1: 32 data bytes, Press Ctrl_C to break
From 223.1.2.1: bytes=32 seq=1 ttl=126 time=31 ms
From 223.1.2.1: bytes=32 seq=2 ttl=126 time=16 ms

--- 223.1.2.1 ping statistics ---
    2 packet(s) transmitted
    2 packet(s) received
    0.00% packet loss
    round-trip min/avg/max = 16/23/31 ms
```

两个分校区之间的主机通信正常。

第 6 步：配置 PPP 的 CHAP 认证。当使用 PAP 认证时，链路在建立过程中，用户名和密码会以明文的方式在 R1 和 R2 之间的链路上发送。

① 首先开启抓取 R1 的 Serial 2/0/0 链路上的数据报，然后重新建立 PPP 连接。

```
[R1]interfaceSerial2/0/0
[R1-Serial2/0/0]shutdown
[R1-Serial2/0/0]undo shutdown
```

在链路建立过程中，通过抓包分析发现，链路上传输了 PAP Authenticate-Request 和 Authenticate-Ack 报文，其中 Request 报文如图 6-3 所示。

```
▲ PPP Password Authentication Protocol
      Code: Authenticate-Request (1)
      Identifier: 1
      Length: 27
   ▲ Data
      Peer-ID-Length: 15
      Peer-ID: R1@huaweidomain
      Password-Length: 6
      Password: Huawei
```

图 6-3　PPP PAP 认证抓包分析

可以明显观察到，在数据报中含有用户名和密码的明文，分别是 R1@huaweidomain 和 Huawei，这很容易被窃听，对链路安全性造成极大的威胁。为此，可使用 CHAP 认证协议，由于密码使用 MD5 算法加密后在链路上发送，因此能有效防止窃听和攻击。为了进一步提高链路的安全性，下面配置 PPP 的 CHAP 认证。

② 删除原有的 PAP 认证配置，但域名保持不变，仍为 huaweidomain。

```
[R2]interface Serial 2/0/0
[R2-Serial2/0/0]undo ppp authentication-mode

[R1]interface Serial 2/0/0
[R1-Serial2/0/0]undo ppp pap local-user
```

③ 删除后，在认证路由器 R2 的 Serial 2/0/0 接口下配置 PPP 的认证方式为 CHAP，并

将配置存储在本地，被认证路由器所使用的用户名和密码分别是 R1 和 Huawei。

```
[R2-Serial2/0/0]ppp authentication-mode CHAP
[R2-Serial2/0/0]aaa
[R2-aaa]local-user R1 password cipher Huawei
Info: Add a new user.
[R2-aaa]local-user R1 service-type ppp
```

④ 其余认证方案和域的配置保持不变。配置完成后，关闭 R1 与 R2 相连的接口一段时间后再打开，使链路重新协商。查看链路状态，并测试连通性。

```
[R2]interface Serial 2/0/0
[R2-Serial2/0/0]shutdown
[R2-Serial2/0/0]undo shutdown

<R2>display ip interface brief
*down: administratively down
......
Interface                IP Address/Mask    Physical    Protocol
GigabitEthernet0/0/0     223.1.2.254/24     up          up
GigabitEthernet0/0/1     unassigned         down        down
NULL0                    unassigned         up          up(s)
Serial2/0/0              223.1.4.2/24       up          down
Serial2/0/1              unassigned         down        down

<R2>ping 223.1.4.1
    PING 223.1.4.1: 56   data bytes, press CTRL_C to break
    Request time out
    Request time out
    Request time out
    Request time out
    Request time out

    --- 223.1.4.1 ping statistics ---
    5 packet(s) transmitted
    0 packet(s) received
    100.00% packet loss
```

可以发现，虽然 R1、R2 之间的物理链路正常，但是链路层协议失效，双方无法正常通信。这是因为此时 PPP 链路上的 CHAP 认证未通过，所以 R2 路由器会定时显示如下信息。

```
<R2>
Jan 30 2019 21:54:40-08:00 R2 %%01PPP/4/PEERNOCHAP(l)[21]:On the interface Seria
l2/0/0, authentication failed and PPP link was closed because CHAP was disabled
on the peer.
<R2>
Jan 30 2019 21:54:40-08:00 R2 %%01PPP/4/RESULTERR(l)[22]:On the interface Serial
2/0/0, LCP negotiation failed because the result cannot be accepted.
```

这是提示需要在被认证路由器 R1 上也要配置相关 CHAP 认证参数。

⑤ 在 R1 的 Serial 2/0/0 接口下，使用"ppp chap user"和"ppp chap password cipher"命令配置本端以 CHAP 方式验证时需要发送的用户名和密码。

[R1]interface Serial 2/0/0
[R1-Serial2/0/0]ppp chap user R1
[R1-Serial2/0/0]ppp chap password cipher Huawei

⑥ 配置完成后，再次查看链路状态并测试 R1、R2 之间的连通性。

<R1>display ip interface brief
*down: administratively down
......

Interface	IP Address/Mask	Physical	Protocol
GigabitEthernet0/0/0	223.1.1.254/24	up	up
GigabitEthernet0/0/1	unassigned	down	down
NULL0	unassigned	up	up(s)
Serial2/0/0	**223.1.4.1/24**	**up**	**up**
Serial2/0/1	unassigned	down	down

<R1>ping 223.1.4.2
　　PING 223.1.4.2: 56　　data bytes, press CTRL_C to break
　　　Reply from 223.1.4.2: bytes=56 Sequence=1 ttl=255 time=260 ms
　　　Reply from 223.1.4.2: bytes=56 Sequence=2 ttl=255 time=90 ms
　　　Reply from 223.1.4.2: bytes=56 Sequence=3 ttl=255 time=40 ms
　　　Reply from 223.1.4.2: bytes=56 Sequence=4 ttl=255 time=30 ms
　　　Reply from 223.1.4.2: bytes=56 Sequence=5 ttl=255 time=40 ms

　　--- 223.1.4.2 ping statistics ---
　　　5 packet(s) transmitted
　　　5 packet(s) received
　　　0.00% packet loss
　　　round-trip min/avg/max = 30/92/260 ms

可以看到，R1 与 R2 之间的串行链路物理和协议状态正常，能够正常通信。最后测试 PC1 与 PC2 之间的连通性。

PC>ping 223.1.2.1 -c 2
Ping 223.1.2.1: 32 data bytes, Press Ctrl_C to break
From 223.1.2.1: bytes=32 seq=1 ttl=126 time=15 ms
From 223.1.2.1: bytes=32 seq=2 ttl=126 time=15 ms

--- 223.1.2.1 ping statistics ---
　2 packet(s) transmitted
　2 packet(s) received
　0.00% packet loss
　round-trip min/avg/max = 15/15/15 ms

两个分校区之间的主机通信正常。

⑦ 在 R1 的 Serial 2/0/0 接口下再次抓取数据报查看，如图 6-4 所示。在链路建立过程中会抓取到 Challenge、Response 和 Success 三次握手报文，其中在 Response 报文中密码是经加密后传输的，增加了链路的安全性。

```
⊿ PPP Challenge Handshake Authentication Protocol
     Code: Response (2)
     Identifier: 1
     Length: 23
  ⊿ Data
       Value Size: 16
       Value: 8ba19915cfa59c41c7f682fd6b8fa028
       Name: R1
```

图 6-4　PPP CHAP 认证抓包分析

6.2　帧中继基本配置

【原理描述】

帧中继（Frame Relay）是一种面向连接的数据链路层技术，可用于语音、数据通信，既可用在局域网也可用在广域网。帧中继是一种有效的数据传输技术，它可以在一对一或一对多的应用中快速而低廉地传输数字信息，每个帧中继用户将得到一个接到帧中继节点的专线，在公共数据网中仍然得到使用。

帧中继协议是一种简化版的 X.25 广域网数据链路层协议，使用光纤作为传输介质，误码率极低，因此省去了 X.25 的一些可靠传输功能，如提供窗口技术和数据重发技术，仅提供面向连接的虚电路服务，能检测到传输错误，但不试图纠正错误，只是简单地将错误帧丢弃，而是依靠高层协议提供纠错功能。与传统电路交换相比，帧中继网络通过数据帧中地址段数据链路连接标识（Data Link Connection Identifier，DLCI）的识别，实现用户信息的统计复用，有利于多用户、多速率数据的传输，提高了网络信道带宽的利用率。

帧中继使得点到点接口采用虚电路逻辑连接，而不是物理连接。帧中继同时提供永久式虚电路（Permanent Virtual Circuit，PVC）和交换式虚电路（Switching Virtual Circuit，SVC）业务。其中，PVC 是指给用户提供固定的虚电路，该链路一旦建立，则永久有效，除非人工拆除；SVC 是指临时根据需要申请建立，数据传输完毕可以自动拆除。虚电路是根据DLCI 进行标识和区分的，因此帧中继能够在一条物理传输链路上提供多条虚电路。

逆向地址解析协议（Inverse ARP）用于将已知的 DLCI 映射到 IP 地址，即获取每条虚电路连接的对端设备的 IP 地址。如果获取了某条虚电路连接的对端设备的 IP 地址，在本地就可以生成对端 IP 地址与 DLCI 的映射，从而避免手工配置地址映射。

【实验目的】

① 掌握帧中继交换机的配置方法。
② 掌握 DLCI 与 IP 地址动态映射的配置。
③ 掌握 DLCI 与 IP 地址静态映射的配置。
④ 掌握子接口与 DLCI 的映射配置。

【实验内容】

本实验模拟大学不同分校区广域互联场景。假设某大学有 3 个位于不同地域的分校区，分别是分校区 1、分校区 2 和分校区 3，其中分校区 2 为主校区。分校区 1 的路由器 R1 通过帧中继连接到主校区路由器 R2，两者之间申请了一条 PVC；分校区 3 的路由器 R3 也采用帧中继连接到主校区路由器 R2。假设 R1 与 R2 相连的帧中继接口在同一个网段，而 R3 与 R2 之间不在同一个网段，目前通过动态映射方式使得两者相通。现需要采用帧中继子接口配置和静态路由使 R3 能够通过 R2 访问 R1，实现各分校区之间的互联互通。

【实验配置】

1. 实验设备

路由器 AR1220 3 台（需配置 2 端口-同异步 WAN 接口卡），帧中继交换机 FRSW 一台。

2. 实验网络拓扑

实验网络拓扑如图 6-5 所示。

3. 编址配置

设备接口编址配置如表 6-3 所示。

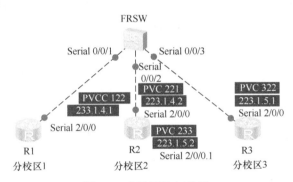

图 6-5 实验网络拓扑图

表 6-3 设备接口编址

设备名称	接　　口	IP 地址	子网掩码	默认网关	DLCI
R1 （AR1220）	Serial2/0/0	223.1.4.1	255.255.255.0	—	122
R2 （AR1220）	Serial2/0/0	223.1.4.2	255.255.255.0	—	221
	Serial2/0/0.1	223.1.5.2	255.255.255.0	—	223
R3 （AR1220）	Serial2/0/0	223.1.5.1	255.255.255.0	—	322

【实验步骤】

第 1 步：新建网络拓扑图。
第 2 步：编配地址。

路由器 R1~R3 启动前需配置添加"2 端口-同异步 WAN 接口卡",启动后按照实验接口 IP 地址编配各个端口地址。

第 3 步:配置 PVC。在帧中继交换机上配置两条 PVC,R1 与 R2 之间一条,R3 与 R2 之间一条。第一条 PVC 在 Serial 0/0/2 接口上分配的 DLCI 为 221,在 Serial 0/0/1 接口上分配的 DLCI 为 122,两者构成了一条 PVC,如图 6-6 所示。

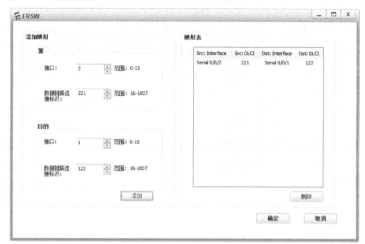

图 6-6 创建 R2 与 R1 之间的 PVC

第二条 PVC 在 Serial 0/0/2 接口上分配的 DLCI 为 223,在 Serial 0/0/3 接口上分配的 DLCI 为 322,两者构成了一条 PVC,如图 6-7 所示。

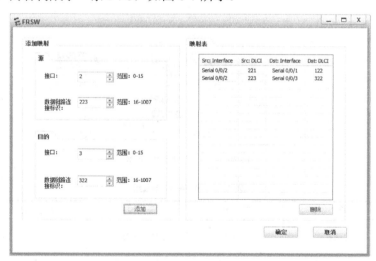

图 6-7 创建 R2 与 R3 之间的 PVC

第 4 步:帧中继动态和静态映射配置。帧中继接口在转发数据帧时必须查找帧中继地址映射表来确定下一跳的 DLCI。地址映射表中存放对端 IP 地址和下一跳的 DLCI 的映射关系。只有找到相应的表项才能完成帧中继报头的封装,类似于以太网中的 ARP 机制。该地址映射表可以手工配置,即静态配置,也可以使用 Inverse ARP 协议来自动配置,即动态配置。

① 主校区(分校区 2)的路由器使用动态映射,在 R2 的 Serial 2/0/0 接口配置链路层

协议为 FR，并使用"frinarp"命令允许帧中继逆向地址解析功能自动生成地址映射表。

  [R2]interface Serial 2/0/0

  [R2-Serial2/0/0]link-protocol fr

  Warning: The encapsulation protocol of the link will be changed. Continue? [Y/N]:y

  [R2-Serial2/0/0]frinarp

通过前面的实验可以知道，串行接口使用的链路层协议为 PPP，所以这里改变为 FR 时，路由器会提示是否要修改，确认修改即可。此外，帧中继接口的逆向地址解析功能默认也是开启的，所以可以不输入"frinarp"命令。

  ② 分校区 1 的路由器 R1 只需与 R2 通信即可，可以使用静态映射，在 R1 的 Serial 2/0/0 接口下配置链路层协议为 FR，关闭逆向地址解析功能。

  [R1]interface Serial 2/0/0

  [R1-Serial2/0/0]link-protocol fr

  Warning: The encapsulation protocol of the link will be changed. Continue? [Y/N]:y

  [R1-Serial2/0/0]undo frinarp

  ③ 使用"fr map ip"命令手工配置 R2 的 IP 地址与 R1 本端的 DLCI 122 为一条静态地址映射，即 R1 通过下一跳 DLCI 122 来访问 R2。

  [R1-Serial2/0/0]fr map ip 223.1.4.2 122

  默认情况下，帧中继不支持广播或组播数据的转发，如果需要（类似 OSPF 等需要交互广播数据的协议），就在静态映射命令后添加"broadcast"参数，从而使得 PVC 能够正常发送广播或组播数据，如下列命令。

  [R1-Serial2/0/0]fr map ip 223.1.4.2 122 broadcast

  ④ 配置完成后，在 R2 和 R1 上使用"display frpvc-info"命令查看 PVC 的建立情况。

  <R2>display frpvc-info

  PVC statistics for interface Serial2/0/0 (DTE, physical UP)

    DLCI = 221, USAGE = UNUSED (00000000), Serial2/0/0

    create time = 2019/01/31 12:47:00, status = ACTIVE

  InARP = Enable, PVC-GROUP = NONE

    in packets = 1, in bytes = 128849018880

    out packets = 26, out bytes = 780

    DLCI = 223, USAGE = UNUSED (00000000), Serial2/0/0

    create time = 2019/01/31 12:47:00, status = ACTIVE

  InARP = Enable, PVC-GROUP = NONE

    in packets = 0, in bytes = 0

    out packets = 25, out bytes = 750

  <R1>display frpvc-info

  PVC statistics for interface Serial2/0/0 (DTE, physical UP)

    DLCI = 122, USAGE = LOCAL (00000100), Serial2/0/0

    create time = 2019/01/31 12:54:11, status = ACTIVE

  InARP = Disable, PVC-GROUP = NONE

    in packets = 22, in bytes = 2834678415360

    out packets = 1, out bytes = 30

可以看到，R2 上有两条 PVC，而且都是激活状态，逆向地址解析功能是启用的。R1 上的 PVC 也为激活状态，但是逆向地址解析功能是关闭的。下面测试 R2 与 R1 之间的连通性。

```
<R2>ping 223.1.4.1
  PING 223.1.4.1: 56    data bytes, press CTRL_C to break
    Reply from 223.1.4.1: bytes=56 Sequence=1 ttl=255 time=100 ms
    Reply from 223.1.4.1: bytes=56 Sequence=2 ttl=255 time=30 ms
    Reply from 223.1.4.1: bytes=56 Sequence=3 ttl=255 time=30 ms
    Reply from 223.1.4.1: bytes=56 Sequence=4 ttl=255 time=40 ms
    Reply from 223.1.4.1: bytes=56 Sequence=5 ttl=255 time=40 ms

  --- 223.1.4.1 ping statistics ---
    5 packet(s) transmitted
    5 packet(s) received
    0.00% packet loss
    round-trip min/avg/max = 30/48/100 ms
```

此时，R2 与 R1 之间已经能够正常通信。

第 5 步：帧中继子接口配置和静态路由配置。

① 由于分校区 3 的路由器 R3 与 R2 互联采用另外一个网段 223.1.5.0/24。在 R3 的 Serial 2/0/0 接口配置链路层协议为 FR，并保持默认开启的逆向地址解析功能。

```
[R3]interface Serial 2/0/0
[R3-Serial2/0/0]link-protocol fr
Warning: The encapsulation protocol of the link will be changed. Continue? [Y/N]:y
```

② 配置完成后，在 R3 使用 "display frpvc-info" 命令查看 PVC 的建立情况。

```
<R3>display frpvc-info
PVC statistics for interface Serial2/0/0 (DTE, physical UP)
    DLCI = 322, USAGE = UNUSED (00000000), Serial2/0/0
    create time = 2019/01/31 13:35:55, status = ACTIVE
InARP = Enable, PVC-GROUP = NONE
    in packets = 4, in bytes = 515396075520
    out packets = 4, out bytes = 120
```

可以看到，R3 上 PVC 是激活状态，逆向地址解析功能是启用的。

③ 为了实现与 R3 的互相通信，需要在 R2 上创建子接口 Serial 2/0/0.1，配置与 R3 同网段的 IP 地址，并手工指定本地 DLCI 配置虚电路。默认情况下，帧中继交换机分配的 DLCI 都关联到用户设备的物理接口上，而子接口关联的 DLCI 需要使用 "frdlci" 命令手工指定。

```
[R2]interface Serial 2/0/0.1
[R2-Serial2/0/0.1]ip address 223.1.5.2 24
[R2-Serial2/0/0.1]frdlci 223
```

④ 配置完成后，测试 R2 与 R3 之间的连通性。

```
<R2>ping 223.1.5.1
  PING 223.1.5.1: 56    data bytes, press CTRL_C to break
```

Reply from 223.1.5.1: bytes=56 Sequence=1 ttl=255 time=120 ms

Reply from 223.1.5.1: bytes=56 Sequence=2 ttl=255 time=30 ms

Reply from 223.1.5.1: bytes=56 Sequence=3 ttl=255 time=30 ms

Reply from 223.1.5.1: bytes=56 Sequence=4 ttl=255 time=40 ms

Reply from 223.1.5.1: bytes=56 Sequence=5 ttl=255 time=40 ms

--- 223.1.5.1 ping statistics ---

5 packet(s) transmitted

5 packet(s) received

0.00% packet loss

round-trip min/avg/max = 30/52/120 ms

可以看到，R2 和 R3 之间已经能够正常通信。

⑤ 测试 R3 与 R1 之间能否正常通信。

<R3>ping 223.1.4.1

PING 223.1.4.1: 56　data bytes, press CTRL_C to break

Request time out

Request time out

Request time out

Request time out

Request time out

--- 223.1.4.1 ping statistics ---

5 packet(s) transmitted

0 packet(s) received

100.00% packet loss

无法正常通信，这是因为 R1 和 R3 之间没有连接通道，而且不在同一个网段上，需要设置到达对方的路由才能连通。

⑥ 在 R3 上配置静态路由，目的地址为 R1，下一跳为 R2 的子接口地址；同样，在 R1 上配置静态路由，目的地址为 R3，下一跳为 R2 的 Serial 2/0/0 接口地址。

[R3]ip route-static 223.1.4.0 255.255.255.0 223.1.5.2

[R1]ip route-static 223.1.5.0 255.255.255.0 223.1.4.2

⑦ 再次检查 R3 与 R1 之间的连通性。

[R3]ping 223.1.4.1

PING 223.1.4.1: 56　data bytes, press CTRL_C to break

Reply from 223.1.4.1: bytes=56 Sequence=1 ttl=254 time=100 ms

Reply from 223.1.4.1: bytes=56 Sequence=2 ttl=254 time=40 ms

Reply from 223.1.4.1: bytes=56 Sequence=3 ttl=254 time=30 ms

Reply from 223.1.4.1: bytes=56 Sequence=4 ttl=254 time=30 ms

Reply from 223.1.4.1: bytes=56 Sequence=5 ttl=254 time=40 ms

--- 223.1.4.1 ping statistics ---

5 packet(s) transmitted

```
5 packet(s) received
0.00% packet loss
round-trip min/avg/max = 30/48/100 ms
```

可以观察到，R3 与 R1 之间能够正常通信。

⑧ 使用"tracert"命令查看它们之间的数据传输路径。

```
[R3]tracert 223.1.4.1
  traceroute to   223.1.4.1(223.1.4.1), max hops: 30 ,packet length: 40,press CTRL_C to break
 1 223.1.5.2 40 ms   40 ms   20 ms
 2 223.1.4.1 40 ms   30 ms   40 ms
```

可见，R3 数据去往 R1 都要经过 R2。至此 3 个分校区之间都能够正常通信。

习　题

1．什么是广域网？常用的链路层协议有哪些？

2．什么是串行链路？有什么优缺点？

3．串行链路有哪两种工作模式？各自的特点是什么？

4．在图 6-1 所示的"简单串行链路配置拓扑"实验中，对于 R1 与 R2 之间的串行链路，R1 端接口使用的链路层协议为 PPP，R2 端为 HDLC，那么 R1 与 R2 之间能否正常通信？

5．PPP 连接建立过程中能够提供哪两种认证协议？它们的工作原理分别是什么？

6．在图 6-2 所示的"PPP 认证配置拓扑"实验第 5 步中，如果 R1 在设置串行链路接口 Serial 2/0/0 的 PPP 认证时，将密码"Huawei"错误设置为"Huawei1"，请问此时 R2 是否能够通过认证？会显示什么提示信息？

7．帧中继中提供了 PVC 和 SVC 两种虚电路，两者有什么区别？

8．帧中继中动态映射的作用是什么？简述其工作过程。

第 7 章 综合应用实验

本章首先通过典型的家庭网络配置实验说明 NAT 网关的配置方法，然后利用企业网络综合配置实验介绍 RIP 和 OSPF 协议选路区域的连通方法，最后结合一个有故障的校园网实例介绍常见网络故障的排查方法。

7.1 典型家庭私有网配置

【原理描述】

家庭网络常用非对称数字用户线（ADSL）、混合光纤同轴电缆网（HFC）、光纤到户（FTTH）等技术解决接入问题。由于公网 IP 地址十分紧缺并且需要付费使用，因此 ISP 给每个家庭一般只分配一个公网 IP 地址，为了方便家庭中多个终端同时上网，位于用户住宅内的调制解调器设备一般集成了以太网交换机和路由器的功能，并且会承担动态主机配置协议（DHCP）服务器和网络地址转换（NAT）网关的角色。这样一来，ISP 只需为 NAT 网关的 WAN 接口分配一个公网地址，而家庭内的多个终端通过 DHCP 自动分配私网地址即可同时上网。当任意一终端访问公网上的终端时，将由 NAT 网关自动进行地址转换。

NAT 技术是一种将私网地址转化为公网地址的技术，可以很好地解决 IP 地址不足的问题，同时还能够隐藏并保护内部网络。NAT 技术又可进一步分为狭义 NAT、网络地址端口转换（NAPT）和 Easy-IP 3 种情况。

狭义 NAT 技术的特点在于 WAN 接口分配有多个公网 IP 地址（地址池），地址转换时仅仅对 IP 地址进行映射，因此同时访问外网的内网终端数量受可用的公网 IP 地址数量的限制。为了突破这一限制，NAT 被进一步扩展到进行 IP 地址和运输层端口号的同时转换，这就是网络地址端口转换（NAPT）技术。而 Easy-IP 是 NAPT 技术的一个特例，即地址池中只有一个公网地址，特别适用于家庭这样的小型网络。

【实验目的】

学习典型家庭私有网络的综合分析和配置方法。

【实验内容】

实验网络拓扑如图 7-1 所示，设备接口编址如表 7-1 所示。本实验模拟一个家庭网络，其中 R1 同时兼任 NAT 网关和 DHCP 服务器。

【实验配置】

1．实验设备

AR2220 路由器两台，S5700 交换机一台，PC 两台。

2．实验网络拓扑

设备连接关系如图 7-1 所示。

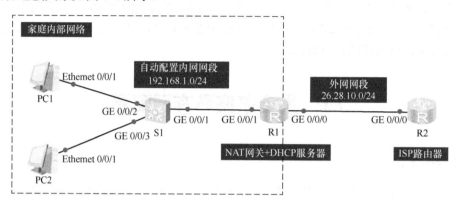

图 7-1　实验网络拓扑图

3．编址配置

设备接口编址配置如表 7-1 所示。

表 7-1　设备接口编址

设备名称	接　　口	IP 地址	子网掩码	默认网关
R1	GE 0/0/0	26.28.10.8	255.255.255.0	—
(AR2220)	GE 0/0/1	192.168.1.1	255.255.255.0	—
R2 (AR2220)	GE 0/0/0	26.28.10.1	255.255.255.0	—
PC1	Ethernet 0/0/1	DHCP 获取	DHCP 获取	DHCP 获取
PC2	Ethernet 0/0/1	DHCP 获取	DHCP 获取	DHCP 获取

【实验步骤】

第 1 步：新建网络拓扑图。

第 2 步：配置 PC1~PC2 的 IPv4 参数为"DHCP"。

第 3 步：按表 7-1 为网关路由器 R1、ISP 路由器 R2 配置端口 IP 地址。

第 4 步：为网关路由器 R1 配置 DHCP 服务器功能。

[R1]dhcp enable

[R1]interface GigabitEthernet 0/0/1

[R1-GigabitEthernet0/0/1]dhcp select interface

[R1-GigabitEthernet0/0/1]dhcp server lease day 2

[R1-GigabitEthernet0/0/1]dhcp server dns-list 8.8.8.8

配置结束后，可以在 PC1 和 PC2 上用"ipconfig"命令查看获得的配置参数。如果尚未获得参数，可以使用"ipconfig /renew"命令主动触发 DHCP 请求。

第 5 步：为路由器 R1 配置 NAT 网关参数，为 R1 配置访问外网的默认路由。

[R1]ip route-static 0.0.0.0 0.0.0.0 26.28.10.1

为 R1 配置 NAT Easy-IP，首先要定义访问控制列表（ACL）规则，然后对接口 GE 0/0/1 使用"nat outbound"命令，直接使用接口的公网 IP 地址作为 NAT 转换后的地址。

[R1]acl 2000

[R1-acl-basic-2000]rule 5 permit source 192.168.1.0 0.0.0.255

[R1-acl-basic-2000]interface g 0/0/0

[R1-GigabitEthernet0/0/0]nat outbound 2000

[R1-GigabitEthernet0/0/0]qu

第 6 步：验证实验结果。首先查看 PC2 自动获取的配置参数，可以看到，当前 IP 地址为"192.168.1.253"。

PC>ipconfig

IPv4 address......................: 192.168.1.253

Subnet mask......................: 255.255.255.0

Gateway............................: 192.168.1.1

Physical address.................: 54-89-98-E9-35-2C

DNS server.........................: 8.8.8.8

按图 7-2 配置 PC2，令其周期地向 ISP 路由器发送 UDP 报文。

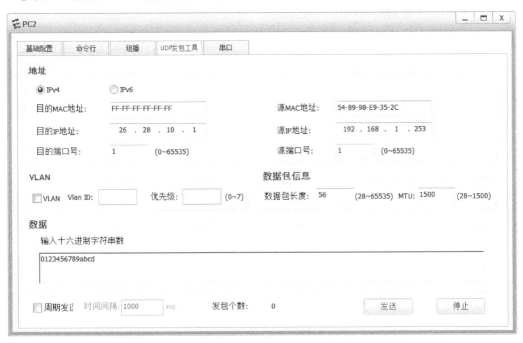

图 7-2　PC2 配置界面

然后，在路由器 R1 的接口 GE 0/0/0 上抓包，结果如图 7-3 所示。可以看到，PC2 发出的 UDP 分组的源地址和端口号都被修改了。

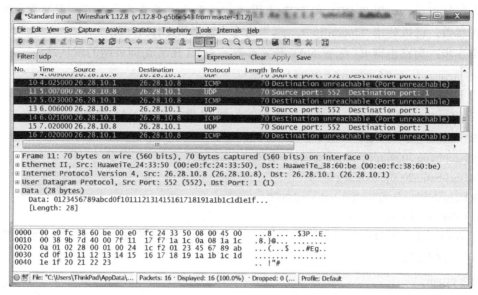

图 7-3   PC2 上用 Wireshark 抓包的结果

进一步在 R1 上查看 NAT 会话表，有地址和端口转换的信息。

```
<R1>disp nat session protocol udp verbose
   NAT Session Table Information:

       Protocol          : UDP(17)
       SrcAddr   Port Vpn : 192.168.1.253      256
       DestAddr Port Vpn : 26.28.10.1         256
       Time To Live      : 120 s
       NAT-Info
         New SrcAddr       : 26.28.10.8
         New SrcPort       : 10242
         New DestAddr      : ----
         New DestPort      : ----
   Total : 1
```

综上所述，可以说明 NAT 已成功运行。

7.2   企业网络综合配置

【实验目的】

① 学习中小型企业网络的综合分析和配置方法。

② 了解连通 RIP 和 OSPF 协议选路区域的方法。

【实验内容】

实验网络拓扑如图 7-4 所示，设备接口编址如表 7-2 所示。本实验模拟一个小型企业网络，其中 R1 为企业总部的路由器，R2 和 R3 分别为部门 1 和部门 2 的路由器。总部开设了一台服务器。R2 通过千兆以太网链路与 R1 相连，R3 通过串行链路与 R1 相连。部门 1 下设两个用户子网，并采用 RIP 协议进行选路。部门 2 也下设两个用户子网，采用 OSPF 协议进行选路。R1 负责连通 RIP 选路区域和 OSPF 选路区域。

【实验配置】

1. 实验设备

AR2220 路由器 3 台，服务器一台，PC 4 台。

2. 实验网络拓扑

实验网络拓扑图如图 7-4 所示。

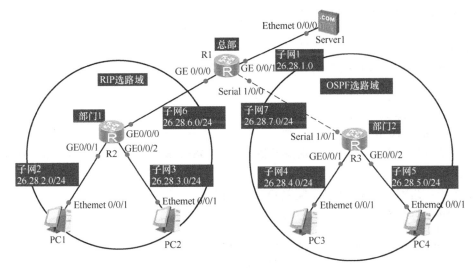

图 7-4　实验网络拓扑图

3. 编址配置

设备接口编址配置如表 7-2 所示。

表 7-2　设备接口编址

设备名称	接　口	IP 地址	子网掩码	默认网关
R1 (AR2220)	GE 0/0/0	26.28.6.1	255.255.255.0	—
	GE 0/0/1	26.28.1.1	255.255.255.0	—
	Serial 1/0/0	26.28.7.1	255.255.255.0	—
	Loopback 0	1.1.1.1	255.255.255.255	—
R2 (AR2220)	GE 0/0/0	26.28.6.2	255.255.255.0	—
	GE 0/0/1	26.28.2.1	255.255.255.0	—
	GE 0/0/2	26.28.3.1	255.255.255.0	—
	Loopback 0	2.2.2.2	255.255.255.255	—
R3 (AR2220)	GE 0/0/1	26.28.4.1	255.255.255.0	—
	GE 0/0/2	26.28.5.1	255.255.255.0	—
	Serial 1/0/1	26.28.7.2	255.255.255.0	—
	Loopback 0	3.3.3.3	255.255.255.255	—

（续表）

设备名称	接　　口	IP 地址	子网掩码	默认网关
服务器	Ethernet 0/0/1	26.28.1.8	255.255.255.0	26.28.1.1
PC1	Ethernet 0/0/1	26.28.2.8	255.255.255.0	26.28.2.1
PC2	Ethernet 0/0/1	26.28.3.8	255.255.255.0	26.28.3.1
PC3	Ethernet 0/0/1	26.28.4.8	255.255.255.0	26.28.4.1
PC4	Ethernet 0/0/1	26.28.5.8	255.255.255.0	26.28.5.1

【实验步骤】

第 1 步：新建网络拓扑图。

第 2 步：配置好服务器和 PC1~PC4 的网络参数。

第 3 步：为路由器 R1、R2、R3 配置端口 IP 地址。

第 4 步：为路由器 R1 和 R2 配置 RIP 协议。

```
[R1]rip
[R1-rip-1]version 2
[R1-rip-1]network 26.0.0.0

[R2]rip
[R2-rip-1]version 2
[R2-rip-1]network 26.0.0.0
```

配置结束后，PC1 可以 ping 通服务器。证明 OSPF 协议使部门 2 到总部的网络路由已经连通。

第 5 步：为路由器 R1 和 R3 配置 OSPF 协议。

```
[R1]ospf 1 router-id 1.1.1.1
[R1-ospf-1]area 0
[R1- ospf-1-area-0.0.0.0]network   26.28.1.0   0.0.0.255
[R1- ospf-1-area-0.0.0.0]network   26.28.7.0   0.0.0.255

[R3]ospf 1 router-id 3.3.3.3
[R3-ospf-1]area 0
[R3- ospf-1-area-0.0.0.0]network   26.28.4.0   0.0.0.255
[R3- ospf-1-area-0.0.0.0]network   26.28.5.0   0.0.0.255
[R3- ospf-1-area-0.0.0.0]network   26.28.7.0   0.0.0.255
```

配置结束后，PC3 可以 ping 通服务器。证明 OSPF 协议使部门 2 到总部的网络路由已经连通。

此时，PC1 和 PC3 尚不能 ping 通。

第 6 步：连通 RIP 和 OSPF 选路区域。

在 R1 上进行下列操作。

```
[R1]ospf 1
[R1-ospf-1]import-route rip 1 cost 100
[R1-ospf-1]quit
[R1]rip 1
[R1-rip-1]import-route ospf 1 cost 1
[R1-rip-1]quit
```

配置结束后，PC3 可以 ping 通 PC1。证明总部及两个部门的网络已经全部连通。

7.3　校园网常见故障排查

【原理描述】

　　一般网络故障按照性质可以分为硬件故障和软件故障。硬件故障是指设备或线路损坏、接口松动、传输信道受到严重电磁干扰等情况。软件故障则是指由于软件的使用不正确或配置错误导致的网络系统故障。此外，网络故障也可以按照出现故障的部位或对象，分为主机故障、线路故障和中间设备故障。

　　故障排查是指当网络系统出现故障时，通过分析检查网络系统的异常现象，迅速确定故障原因，并排除故障恢复系统功能的过程。

　　故障排查的基本步骤为发现故障—分析现象—推测原因—证实故障点—排除故障，如图 7-5 所示。作为网络管理员，首先必须了解所管理的网络系统的布局和拓扑结构，掌握网络运行正常状态。当网络出现异常时，必须认真观察现象，找出故障现象的特征，分析各种现象的内在联系，推测可能导致故障的原因，并按照其可能性进行排序。然后，采用一定的方法和手段对可能的故障原因进行证实或证伪。需要注意的是，导致故障的原因可能不止一个。当准确定位故障原因后，就可以将其酌情排除恢复网络的正常工作状态了。

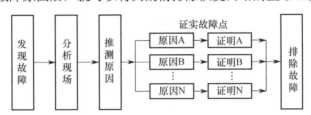

图 7-5　网络系统故障排查基本步骤

　　故障分析研判的常用方法如下。

　　① 分离法：对系统划分结构，按照一定次序对不同结构模块进行分析，逐一分离正常模块，压缩故障范围，直至定位故障。

　　② 检测法：利用一些网络命令和工具软件对网络设备运行状态进行检测分析，诊断故障源头。

　　③ 替换法：对可能为故障源的设备尝试采用正常的备件进行替换，或者将其加入正常网络中进行调试，直至确定故障设备。

　　④ 参照法：将故障系统的网络状态与正常系统的网络状态进行对比，通过分析不同之处定位故障。

　　⑤ 咨询法：咨询资深网络系统维护工程师，利用他们的经验来协助定位故障。或者通过网络搜索引擎或查阅以往维修报告，查找类似故障案例的解决方法，启发故障定位方法。

　　考虑到实际网络的复杂性，故障研判阶段一般需要综合使用上述多种方法。

【实验目的】

　　学习校园网的常见故障排查方法。

【实验内容】

本实验用图 7-5 所示的拓扑连接关系模拟了一个小型校园网，DNS 服务器（DNS-Srv）和 FTP 服务器（FTP-Srv，网址为 ftp.aeupla.edu）位于主校区路由器 R1 的直连子网上，主机 PC1 和 PC2 分别位于两个分校区的子网上。为简便起见，R1、R2、R3 均配置静态路由，保证子网间的连通性。当网络运行正常时，在 PC1 上使用"ping ftp.aeupla.edu"命令应能得到服务器的响应。

受限于模拟器的功能，本实验只用参数配置错误和设备使用差错来模拟简单的软硬件故障。本实验总共设计了 4 个故障点，实验步骤中第 1 步是准备有故障的网络配置，第 2 步是故障排查，通过测试分析逐个排除故障点，直到网络运行正常。实验编址表中刻意设置了个别错误参数，进行故障排查时，通过测试分析会找出这些错误。

【实验配置】

1. 实验设备

AR2220 路由器 3 台，S5700 交换机一台，服务器两台，PC 两台。

2. 实验网络拓扑

实验网络拓扑图如图 7-6 所示。

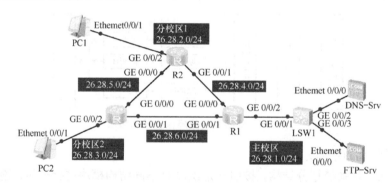

图 7-6　实验网络拓扑图

3. 编址配置

设备接口编址配置如表 7-3 所示。

表 7-3　设备接口编址

设备名称	接　　口	IP 地址	子网掩码	默认网关	DNS 服务器
R1 (AR2220)	GE 0/0/0	26.28.4.1	255.255.255.0	—	—
	GE 0/0/1	26.28.6.1	255.255.255.0	—	—
	GE 0/0/2	26.28.1.1	255.255.255.0	—	—
R2 (AR2220)	GE 0/0/0	26.28.5.1	255.255.255.0	—	—
	GE 0/0/1	26.28.4.2	255.255.255.0	—	—
	GE 0/0/2	26.28.2.1	255.255.255.0	—	—
R3 (AR2220)	GE 0/0/0	26.28.5.2	255.255.255.0	—	—
	GE 0/0/1	26.28.6.2	255.255.255.0	—	—
	GE 0/0/2	26.28.3.1	255.255.255.0	—	—

（续表）

设备名称	接　　口	IP 地址	子网掩码	默认网关	DNS 服务器
DNS-Srv	Ethernet 0/0/1	26.28.1.6	255.255.255.0	26.28.1.1	—
FTP-Srv	Ethernet 0/0/1	26.28.1.8	255.255.255.0	26.28.1.1	—
PC1	Ethernet 0/0/1	26.28.20.8	255.255.255.0	26.28.2.1	26.28.1.6
PC2	Ethernet 0/0/1	26.28.3.8	255.255.255.0	26.28.3.1	26.28.1.6

【实验步骤】

第 1 步：准备故障网络。

① 按图 7-6 新建网络拓扑图，并启动所有设备。

② 按表 7-3 为路由器 R1~R3、两台主机、服务器配置接口参数。

③ 为路由器 R1~R3 配置静态路由和接口状态。

[R1] ip route-static 26.28.3.0   255.255.255.0   26.28.6.2
[R1] interface g 0/0/0
[R1-GigabitEthernet0/0/0]shutdown

[R2] ip route-static 26.28.1.0   255.255.255.0   26.28.4.1
[R2] ip route-static 26.28.3.0   255.255.255.0   26.28.5.2

[R3] ip route-static 26.28.1.0   255.255.255.0   26.28.6.1
[R3] ip route-static 26.28.2.0   255.255.255.0   26.28.5.1

④ 配置 DNS-Srv 参数。双击 DNS-Srv 服务器图标，选择"服务器信息"→"DNS Server"选项，进入 DNS-Srv 参数配置界面，如图 7-7 所示。首先在"配置"选项区域中填写主机域名、IP 地址，并增加到域名映射表中。然后单击"服务"选项区域内的"启动"按钮，启动域名解析服务。

⑤ 配置 FTP-Srv 参数。双击 FTP-Srv 服务器图标，选择"服务器信息"→"FTP Server"选项，进入 FTP-Srv 参数配置界面，如图 7-8 所示。首先在"配置"选项区域中选择需要共享的文件目录（本例目录为 E:\test，该目录下预先创建了 3 个文本文件）。然后单击"服务"选项区域内的"启动"按钮，启动 FTP 服务。

图 7-7   DNS-Srv 参数配置界面

图 7-8 FTP-Srv 参数配置界面

第 2 步：故障排查。

① 第一轮故障现象与排除：查找 PC1 配置错误。在 PC1 上使用"ping ftp.aeupla.edu"命令查找错误。

```
PC>ping ftp.aeupla.edu
No gateway found
host ftp.aeupla.edu unreachable
```

注意到这里提示缺少网关，查看 PC1 的配置，会发现第一个故障点：IP 地址"26.28.20.8"不属于 26.28.2.0/24 网段。将其修改为"26.28.2.8"，故障仍未消除。

```
PC>ping ftp.aeupla.edu
host ftp.aeupla.edu unreachable
```

注意到这里仅提示主机不可达，可以考虑进一步测试与 DNS 服务器的连通性。

② 第二轮故障现象与排除：与 DNS 服务器连通。在 PC1 上直接 ping 服务器 DNS-Srv 地址"26.28.1.6"，无响应。根据网络拓扑，逐段 ping 路由器 R2 和 R1 的相应接口地址，可以发现两个故障点：一是 R1 的接口 GE 0/0/0 被关闭了；二是 R1 没有配置到子网"26.28.2.0/24"的路由。

用下列命令可以排除这两个故障点。

```
[R1]int g 0/0/0
[R1-GigabitEthernet0/0/0]undo shutdown
[R1]quit
[R1] ip route-static 26.28.2.0   255.255.255.0   26.28.4.2
```

排除这两个故障点后，DNS 服务器已经可以连通。

③ 第三轮故障现象与排除：修正 DNS 映射错误。继续尝试在 PC1 上使用"ping ftp.aeupla.edu"命令。

```
PC>ping ftp.aeupla.edu

Ping ftp.aeupla.edu [26.28.1.9]: 32 data bytes, Press Ctrl_C to break
Request timeout!
Request timeout!
```

注意到 DNS 解析的 FTP 服务器 IP 地址为"26.28.1.9"，对照表 7-3，会发现第四个故障点：DNS 映射的 FTP 服务器地址与实际地址不符。修改 DNS 服务器映射表中的数据，至此故障全部排除。

附录 A　英文缩写一览表

英文缩写	英文全称	中文名字
AC	Access Controller	接入控制器
ADSL	Asymmetric Digital Subscriber Line	非对称数字用户线路
AP	（Wireless）Access Point	（无线）访问接入点
ARP	Address Resolution Protocol	地址解析协议
BGP	Border Gateway Protocol	边界网关协议
C/S	Client/Server	客户机/服务器
CAPWAP	Control And Provisioning of Wireless Access Points	无线接入点控制和配置
CHAP	Challenge Handshake Authentication Protocol	询问握手认证协议
CSMA/CD	Carrier Sense Multiple Access with Collision Detection	带有冲突检测的载波侦听多路访问
DHCP	Dynamic Host Configuration Protocol	动态主机配置协议
DLCI	Data Link Connection Identifier	数据链路连接标识
DNS	Domain Name System	域名系统
FDDI	Fiber Distributed Data Interface	光纤分布式数据接口
FTP	File Transfer Protocol	文件传输协议
FTTH	Fiber To The Home	光纤到户
HDLC	High-Level Data Link Control	高级数据链路控制
HFC	Hybrid Fiber-Coaxial	混合光纤同轴电缆网
HTTP	HyperText Transfer Protocol	超文本传输协议
ICMP	Internet Control Message Protocol	互联网控制报文协议
IEEE	Institute of Electrical and Electronics Engineers	电气和电子工程师协会
IP	Internet Protocol	互联网协议
ISP	Internet Service Provider	互联网服务提供商
IST	Internal Spanning Tree	内部生成树
LAN	Local Area Network	局域网
MAC	Media Access Control	媒体访问控制
MTU	Maximum Transmission Unit	最大传输单元
MUX VLAN	Multiplex VLAN	多重虚拟局域网
NAT	Network Address Translation	网络地址转换
OSI	Open System Interconnection	开放系统互联
OSPF	Open Shortest Path First	开放最短路径优先
P2P	Peer to Peer	点到点，或者对等
PAP	Password Authentication Protocol	密码认证协议
PPP	Point to Point Protocol	点到点协议
PVC	Permanent Virtual Circuit	虚电路
RIP	Routing Information Protocol	路由信息协议
SDLC	Synchronous Data Link Control	同步数据链路控制
SMTP	Simple Mail Transfer Protocol	简单邮件传输协议
SVC	Switching Virtual Circuit	交换式虚电路
TCP	Transmission Control Protocol	传输控制协议
UDP	User Datagram Protocol	用户数据报协议
VLAN	Virtual Local Area Network	虚拟局域网
VLSM	Variable Length Subnet Masking	可变长度子网掩码
WAN	Wide Area Network	广域网
WLAN	Wireless Local Area Network	无线局域网

参考文献

[1] 詹姆斯·F·库罗斯，基思·W·罗斯. 计算机网络自顶向下方法. 陈鸣，译. 7 版. 北京：机械工业出版社，2018.

[2] 刘江，等. 计算机网络实验教程. 北京：人民邮电出版社，2018.

[3] 华为技术有限公司. HCNA 网络技术实验指南. 北京：人民邮电出版社，2017.

[4] 钱德沛，等. 计算机网络实验教程. 北京：高等教育出版社，2017.

[5] 雷震甲. 网络工程师教程. 4 版. 北京：清华大学出版社，2018.

[6] 曹雪峰，等. 基于 ENSP 的 WLAN 实验设计与实现. 上海：实验室研究与探索，2017，36（7）：127-131.